Abenteuer Macher

Bastian Kästner

BASTIAN KÄSTNER

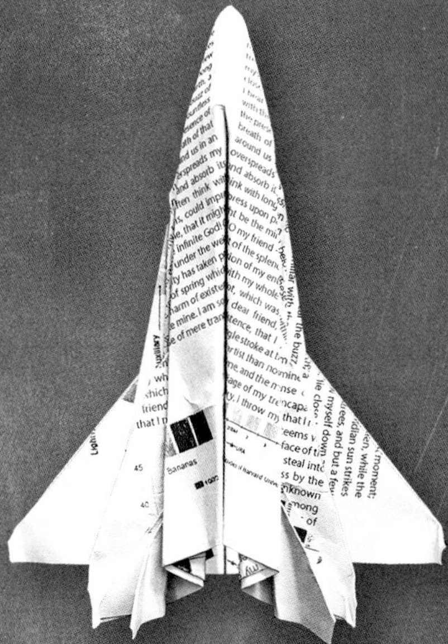

ABENTEUER MACHER

ENTDECKE DEINE LEIDENSCHAFT UND WACHSE ÜBER DICH HINAUS

EDITION
PASSION MANAGEMENT®

SCM

SCM

Stiftung Christliche Medien

SCM ist ein Imprint der SCM Verlagsgruppe, die zur Stiftung Christliche Medien gehört, einer gemeinnützigen Stiftung, die sich für die Förderung und Verbreitung christlicher Bücher, Zeitschriften, Filme und Musik einsetzt.

EDITION
PASSION
MANAGEMENT®

Max-Eyth-Straße 41 · 71088 Holzgerlingen
Internet: www.scm-verlag.de · E-Mail: info@scm-verlag.de

Gesamtgestaltung: Bastian Kästner
Icongestaltung: Dacian G / shutterstock.com
Druck und Bindung: Finidr s.r.o.
Gedruckt in Tschechien
ISBN 978-3-7751-5890-9
Bestell-Nr. 395.890

Dieses Buch ist meiner Tochter Lea gewidmet.

Dieses Buch lädt zum Querdenken ein. Es inspiriert, Gelerntes auf den Kopf zu stellen, um über sich hinauszuwachsen, ohne den

Boden unter den Füßen
zu verlieren.
Mit strukturierter
Leidenschaft und
leidenschaftlicher
Struktur.

Vorwort

»Entdecken Sie den Macher in sich!«

Wenn ich Sie bitten würde, sich einen Macher vorzustellen, an wen würden Sie dann denken? Müssten Sie lange überlegen? Wäre es Steve Jobs? Leonardo da Vinci, Elon Musk, Martin Luther oder George Lucas? Vielleicht auch Jürgen Klopp oder Billy

Joel? Wenn wir an einen Macher denken, dann öffnen wir in unserem Kopf eine Schublade. Welche Schublade haben Sie geöffnet? Stand auf Ihrer auch so etwas wie: »Steht plötzlich erfolgreich im Leben, ist getrieben von genialen Gedanken, bis an die Zähne begabt und verändert die Welt«? Wenn Ihre offene Schublade ungefähr so betitelt ist, dann werden Sie dieses Buch mit Sicherheit spannend finden, denn diesen typischen Macher gibt es nicht.

Das Bild, das wir von Machern haben, ist häufig ein vergoldetes, eines, zu dem wir gern aufschauen. Dabei vergessen wir leicht, dass diese Gesichter, die uns von Fotos anstrahlen, Menschen sind wie Sie und ich. Träumer, Realisten, Spinner und vom Leben Gezeichnete. Es sind auch Menschen, die sich eher als unsicher denn als mutig beschreiben würden. Macher sind keine Helden.

Was einen Macher tatsächlich ausmacht, ist nicht sein Vermögen oder sein Einfluss. Was einen Macher ausmacht, schlummert genauso in Ihnen und mir. Denn hinter jedem Erfolg, den wir bei einem Macher beobachten, steht vor allem eines: strukturierte Leidenschaft. Das gilt für Sportler genauso wie für Unternehmer, Führungskräfte und Ehrenamtliche. Und das, obwohl emotionale Leidenschaft und sachliche Struktur auf den ersten Blick weit voneinander entfernt zu liegen scheinen. Beides miteinander zu verbinden und in Balance zu bringen, ist, was einen Macher ausmacht. Ein Macher verliert sich nicht in Träumereien und bleibt nicht in festgefahrenen Strukturen stecken. Er träumt gerade so viel, dass er die richtige Richtung erkennt, und strukturiert in dem Maße, dass er sich erfolgreich in diese bewegt. Das hat in erster Linie nichts mit besonderen Begabungen zu tun, welche die einen mit auf die Welt bringen und die anderen nicht. Denn wer die Balance aus Leidenschaft und Struktur gefunden hat und beides miteinander verbinden kann, arbeitet erfolgreich mit dem, was er hat. Er formt etwas Besonderes aus den Mitteln, die ihm zur Verfügung stehen, eine Idee, die tatsächlich abhebt und ihn durch die Luft trägt wie ein einzigartiger Papierflieger.

Wer mit seinem Engagement etwas bewirken will, der entfaltet die beste Wirkung durch das Zusammenspiel von Leidenschaft und Struktur. Eine Wirkung, die Macher über sich hinauswachsen lässt und in eine Berufung hinein. Doch wie viel Herzblut ist im Alltag angemessen und wie viel Struktur tatsächlich nötig?

In »Abenteuer Macher« möchte ich Sie auf eine Entdeckungsreise einladen. Eine Reise, die ich in den letzten Monaten gemacht habe und die mich inspiriert und begeistert hat. Eine Reise, welche die Eigenschaften von Machern in den Fokus nimmt und auf der Sie spannenden Menschen begegnen werden, deren Tipps und Erfahrungen bereichernd sind. Eine Reise, die Ihnen voll bepackt eines zuruft: In Ihnen steckt ein Macher.

Entdecken Sie ihn!

Bastian Kästner, Sommer 2018

Den Kompass ausrichten

»Was verstehen wir unter Management und Leidenschaft?«

2013 habe ich eine Agentur für Markenpositionierung gegründet und gehe damit seitdem meiner Leidenschaft nach: Menschen dabei zu helfen, das Beste und Interessanteste der eigenen Arbeit für andere sichtbar zu machen. Innerhalb kürzester Zeit lernte ich die unterschiedlichsten Menschen kennen. Ich saß mit jungen Visionären zusammen und mit gestandenen Unternehmern. Dennoch dauerte es etwa drei Jahre, bis ich etwas Erstaunliches bemerkte: Jeder wollte so sein wie der andere. Die jungen Startups wollten so strukturiert sein wie die großen Etablierten und die gestandenen Unternehmer so leidenschaftlich wie die Neulinge. Gegensätze ziehen sich an, sagt man, und in diesem Fall auch zu Recht. Denn die jungen Visionäre haben genug Leidenschaft, um die ganze Welt zu bewegen, aber es mangelt ihnen häufig an der Erfahrung, um die spannenden Ideen in wachsende Strukturen zu gießen. Dem erfahrenen Unternehmer hingegen, dessen Strukturen schon erfolgreiche Umsätze bewegen, mangelt es nicht selten an Inspiration, an der Fähigkeit, Neues zu entdecken und innovativ am Puls der Zeit zu bleiben. Diese Gemeinsamkeiten, die auf den ersten Blick gar keine waren, fand ich faszinierend. Mit dieser Faszination im Blick machte ich mich auf die Suche nach Antworten. Haben Macher-Typen Gemeinsamkeiten, die für alle gelten, egal ob alt oder jung? Sind Macher besonders erfolgreich, wenn sie Leidenschaft und Struktur miteinander in Einklang bringen? Und wenn das zutrifft, welche Eigenschaften können wir dann ausbauen oder erlernen, um selbst über uns hinauszuwachsen? Mit diesen Fragen im Gepäck ging ich los und ich kam mit einem ganzen Koffer voller Antworten wieder, die ich in diesem Buch zusammengefasst habe.

Erkennen Sie sich in einer der oben beschriebenen Persönlichkeiten wieder? Damit meine ich nicht: Fühlen Sie sich jung oder alt, sondern: Sind Sie eher der leidenschaftliche Typ, der sich für das Ungewisse begeistert und dessen Motivation keine Grenzen kennt? Oder eher der strukturierte? Der Denker, der bereits im Kopf abwägt, bewertet und entscheidet? Beide haben ihre Berechtigung genauso wie ihre Herausforderungen. Beide sind wichtig, egal ob es darum geht, mit sich selbst in Balance zu kommen oder mit anderen Menschen. Welcher Typ Sie auch sein mögen, Sie werden bereits erlebt haben, dass das andere Extrem nicht immer leicht zu fassen ist. Zu unterschiedlich sind manchmal die Perspektiven, aus denen Leidenschaft und Struktur auf eine gemeinsame Aufgabe blicken. Hier eine Balance zu finden, ist eine Herausforderung. Von einem Macher zu lernen und über sich hinauszuwachsen, bedeutet, beide Pole kennen- und schätzen zu lernen.

Bevor wir uns ins Abenteuer stürzen, sollten wir daher auf beide Pole einen Blick riskieren und mit dem einen oder anderen Vorurteil aufräumen. Wenn wir das Bild des Machers greifbar gestalten und von ihm lernen wollen, dann wäre nichts schlimmer, als mit zwei Klischees zu starten. Daher möchte ich zunächst die beiden Bereiche näher untersuchen.

Was ist eigentlich Leidenschaft? Wie entsteht sie? Was macht sie mit uns? Warum bleiben wir ohne sie oft hinter unseren Möglichkeiten zurück? Leidenschaft ist ein spannendes Thema. Hätte man mir vor ein paar Jahren gesagt, dass ich zu diesem Thema mal ein Buch schreiben würde, hätte ich nur ungläubig den Kopf geschüttelt. Allerdings war mir vor einigen Jahren auch nicht bewusst, wie stark Leidenschaft mein Leben prägt. Wie auch? Wir sprechen in der Regel nicht über unsere Leidenschaft. Wir Männer jedenfalls nicht. Wir sprechen über Hobbys. Wir sprechen über das, wovon wir Ahnung haben oder glauben Ahnung zu haben. Obwohl wir häufig Leidenschaft meinen, wenn wir über Hobbys und Zeitvertreib reden, nennen wir das Kind nur selten beim Namen. Der Grund, warum ich selbst lange Zeit mit dem Begriff nicht viel anzufangen wusste, lag an den Vorstellungen, die ich mit dem Be-

Leidenschaft kann gefährlich sein, unberechenbar und überwältigend.

griff verband. Leidenschaft wirkte auf mich sehr zerbrechlich, ungeschützt und stark gefühlsorientiert. Sie repräsentierte für mich Eigenschaften, die ein junger Kerl nicht unbedingt als Erstes wählt, wenn er sich und seine Interessen beschreibt. Mit diesem Gefühl stand ich nicht alleine. Grund genug, um zu recherchieren, was Leidenschaft bedeutet und ob an meinen jugendlichen Vorbehalten tatsächlich etwas dran war. Das Lexikon der Psychologie definiert Leidenschaft folgendermaßen:

> *»Dranghafte, stark ausgeprägte Emotion, starke Begeisterung, manchmal bis zur Besessenheit reichende Neigung zu einer bestimmten Person, Sache oder Aktivität.«* [1]

Diese Definition wirkt alles andere als weiblich, zart oder zerbrechlich. Aber einen wirklich gesunden Zustand scheint der Begriff Leidenschaft auch nicht zu beschreiben. »Dranghaft«, »manchmal bis zur Besessenheit«, klingt nicht gerade ungefährlich und im Hinblick auf den Einsatz im Beruf auch nicht wirklich ratsam. Wer kann im Team schon »stark ausgeprägte Emotionen« gebrauchen? Auch wäre es katastrophal, würde man Budgetfragen, Personal- oder Strategieentscheidungen von »dranghaftem« Tun steuern lassen. Ich musste die Definition erst einmal sacken lassen. Doch letztlich blieb mir nichts anderes übrig, als festzustellen, dass Leidenschaft gefährlich sein kann, unberechenbar und überwältigend. Wahrscheinlich ist das einer der Gründe, weshalb die sachliche Wirtschaftswelt in ihrer Etikette gern auf leidenschaftliche Ausbrüche verzichtet. Aber muss es denn wirklich so weit kommen? Damit die »gefährliche« Leidenschaft uns keinen Strich durch unsere sachliche Rechnung macht, sollte sie vor allem eines sein: gezähmt. Oder besser gesagt: strukturiert.

Sportler brechen Weltrekorde aufgrund ihrer Leidenschaft. Musiker bewegen Emotionen dank der Leidenschaft für den richtigen Klang. Kreative Berufe im Allgemeinen leben von der permanenten Suche nach Leidenschaft, um sich von ihr tragen zu lassen. Struktur ist für Leidenschaft wichtig. Aber sie muss gemanagt werden. Ein Sportler würde sich permanent verausgaben, würde er seine Leidenschaft nicht zügeln. Ein Musiker würde ohne die Struktur von Tonart, wiederkehrenden Harmonien und eingängigen Texten keinen Ohrwurm landen. Leidenschaft ist wichtig. Essenziell sogar. Allerdings nur in strukturiertem Maße.

Leidenschaft scheint in ihrem Kern also weder etwas mit weiblicher Sanftheit zu tun zu haben noch mit eintönigen Gefühlen. Ganz im Gegenteil: Sie ist aufregend. Von etwas »besessen zu sein« bedeutet schließlich, nicht anders zu können, als sich einer Sache ganz hinzugeben, loyal zu sein und sich auch durch schwierige Zeiten zu dem »hindurchzuleiden«, wofür das leidenschaftliche Herz schlägt.

So »unmännlich«, wie ich den Begriff Leidenschaft früher empfunden habe, ist er also gar nicht. So »fraulich« jedoch auch nicht. Als Mann interessierte mich, wie wir Kerle Leidenschaft nun verstehen sollten. Um es mit den Worten von Danny Fresh zu sagen, schaute ich daher »im Netz nach, was wir gerade denken«. Zu meiner Überraschung landet man bei »Leidenschaft Mann« fast ausschließlich bei Themen romantischen Ursprungs. Als Kerl hätte ich in etwa Folgendes erwartet: »die Fußballweltmeisterschaft«, »Autos richtig pflegen« oder »Angeln für Abenteurer«.

Während ich mir gleichermaßen irritiert wie schmunzelnd die zahlreichen Suchergebnisse ansah, lernte ich von dem, »was wir alle denken«, vor allem zwei Dinge:

1. *Leidenschaft hat fast ausschließlich etwas mit Sex oder Liebesbeziehungen zu tun.*
2. *Männer haben damit ein ganz großes Problem, das man unbedingt reparieren muss.*

Ist das tatsächlich das Bild, das wir von Leidenschaft haben? Natürlich ist eine Google-Suche keine gängige Untersuchungsmethode, aber dass die Ergebnisse so weit von der eigentlichen Definition abweichen würden, hätte ich nicht gedacht.

Ich fragte mich, ob die Männer in meinem Umfeld wohl ähnlich darüber dachten, und rief kurzerhand fünf meiner Freunde an. Auf die Frage, was ihnen zum Thema »Mann und Leidenschaft« als Erstes in den Sinn kommt, erhielt ich fünf Antworten, die mich erleichterten. Herzblut, Ausdauer, Hingabe, Spaß, Freizeit. »Passt«, dachte ich. Oliver, der Letzte mit dem ich telefonierte, bemerkte meine Zufriedenheit und hakte nach. Ich erzählte ihm von den Suchergebnissen, die den Eindruck vermitteln, Leidenschaft würde immer etwas Sexuelles bedeuten. Er lachte und meinte: »Dann frag doch mal die Frauen, was sie denken.«

Gesagt, getan. Und raten Sie mal, welche Begriffe die fünf Frauen nannten? Gefühlvoll, zärtlich, Sex, Spanier und noch einmal Sex. Meine unprofessionelle Schlussfolgerung aus dieser gar nicht repräsentativen Umfrage: Nur Frauen benutzen das Internet. Ein zweites Fazit lautet: Leidenschaft ist in der Tat ein Begriff, den man nur schwer greifen und ganz unterschiedlich auffassen kann. Man kann ihn nicht in die Grenzen von nur einer Definition pressen, dafür ist Leidenschaft einfach zu leidenschaftlich. Wenn Sie Ihre Leidenschaft also nicht leicht greifen, beschreiben oder strukturieren können, dann sind Sie in guter Gesellschaft. Leidenschaft ist etwas höchst Persönliches. Etwas, das man nicht unbedingt vor sich herträgt und zur Schau stellt.

Vielleicht ist echte Leidenschaft deshalb so selten sichtbar. Und doch gibt es eine Leidenschaft, die weit verbreitet und akzeptiert ist, ich nenne sie »Leidenschaft light«. Leidenschaft light ist das Hobby, das Sie nach Feierabend ausüben, bis Ihre Partnerin oder Ihr Partner Sie daran erinnert, den Müll rauszubringen. Leidenschaft light ist etwas, das genau zwischen beruflicher und privater Verpflichtung seinen Platz findet. Sie ist sicherlich auch das, was zwischen Beruf und familiären Verpflichtungen als Erstes zurückstecken muss, wenn die Zeit knapp wird. Leidenschaft light wird niemandem gefährlich. Sie verändert jedoch auch nicht unser Leben.

Wer von seinem Leben mehr erwartet, einem konkreten Traum hinterherjagt oder sein Engagement erfüllter gestalten möchte, für den ist »light« bei der Wahl seiner Motivation die denkbar ungünstigste Variante. Wer etwas bewegen und über sich hinauswachsen möchte, der braucht »Leidenschaft pur«, die vermeintlich gefährliche Version. Die Form der Leidenschaft, die auch mal muskelspielend gegen das Hamsterrad tritt, die ausbricht und für das einsteht, was unserem Herzen wichtig ist, die dafür sorgt, dass wir mit Herzblut ein Stückchen mehr wagen und auch ein Stück mehr erreichen. Über diese abenteuerliche Leidenschaft möchte ich mit Ihnen in diesem Buch sprechen und sie gemeinsam mit Ihnen strukturieren. Aber keine Angst. Diese Leidenschaft wird, wenn sie strukturiert wird, nur einem gefährlich: der leisen, trügerischen Stimme in unserem Kopf, die uns zuflüstert, dass wir zu nichts Besonderem fähig sind. Leidenschaft zu strukturieren, ist notwendig, damit wir erfolgreich sind. Im Unternehmen sind Manager diejenigen, die Strukturen vorgeben. Daher könnte man auch sagen, Leidenschaft muss gemanagt werden. Dabei ist es sinnvoll, zunächst zu klären, was ich unter »managen« verstehe, damit wir in diesem Begriff auf der gleichen Welle schwimmen. Ähnlich wie bei dem Begriff »Leidenschaft« kann man sich bei »Management« die unterschiedlichsten Assoziationen vor Augen führen und mit den meisten weit daneben liegen.

Wenn mich jemand fragt, was ich studiert habe, lautet meine Antwort »Wirtschaft«. Das ist zwar nicht verkehrt, aber streng genommen auch nicht ganz korrekt. Doch »Internationales Management« ist mir manchmal schlichtweg zu flach. Fast jeder BWLer möchte heutzutage »Manager« sein. Man möchte diesen mit einflussreichen und glamourösen Eigenschaften aufgeladenen Begriff sein Eigen nennen, genauso wie das dazugehörige Gehaltspaket. Selbst wenn das Gehalt, der Glamour und der Einfluss unter den Erwartungen bleiben, das Ego freut sich allein schon über den Titel. Und dem wird Rechnung getragen, auch wenn es teilweise überflüssige Ausmaße annimmt. Ein »Vision Clearance Manager« beispielsweise konzipiert keine Unternehmensvisionen, sondern putzt Fenster. Ein »Facility Manager« ersetzt den Begriff »Hausmeister« und selbst der Titel »Non Profit Manager« zeichnet ein luxuriöses Bild einer Person, die sich ehrenamtlich engagiert. Das Bild vom Manager zieht. Wobei man eigentlich sagen müsste: Das Gefühl, das wir dem Begriff »Manager« zuschreiben, zieht. Und dieses Gefühl kann auch für Abneigung dem Begriff gegenüber sorgen.

Denn »Managen« wird gleichermaßen inflationär genutzt wie auch zunehmend negativ belegt. Bankenmanager, VW-Manager und Fondsmanager prägen das Bild eines überbezahlten Sportwagenfahrers, auf dessen Nummernschild »Nach mir die Sintflut« prangt. Darunter leidet der Ruf derer, die ihre Verantwortung tatsächlich in all ihrer Komplexität und Belastung bemerkenswert ausfüllen.

Wenn wir über »Managen« sprechen und an »Manager« denken, dann aktivieren wir eine Verknüpfung, die sich richtig anfühlt, aber in die Irre leitet. Der Manager und das Managen sind zwei ganz unterschiedliche Dinge, genauso wie bei anderen substantivierten Verben wie Gitarrespielen oder Kochen. Ich spiele Gitarre, aber ich bin kein Gitarrist. Ich koche, aber ich bin kein Koch. Der größte Fehler, den wir machen können, ist die Berufsbezeichnung mit dem substantivierten Verb zu verwechseln oder beide einander gleichzustellen. Wenn jeder, der kocht, zum Koch wird, geht Ihr Teller beim Dinner vermutlich fast unangetastet zurück. Und wenn jeder, der singt, zum Sänger wird, kann man damit wunderbar ein Fernsehprogramm füllen – aber nicht weil es so schön klingt, sondern weil die Zuschauer sich gern über die Unfähigkeit der anderen amüsieren.

Der Manager und das Managen sind zwei ganz unterschiedliche Dinge.

Wenn ich sage: »Ich manage das«, meine ich damit: »Ich kümmere mich darum«, wobei diesem Sich-Kümmern eine besondere Bedeutung zugeschrieben wird. Es hat professionell, effizient, sinnvoll und ergebnisorientiert zu sein. Es ist kein Wunder, dass wir dem Managen nicht mehr so recht über den Weg trauen, wenn wir mit Blick auf das Modewort versuchen, »alles« zu managen. Wir können uns nicht immer und zu jeder Zeit um alles in besonderem Maße professionell, effizient und sinnvoll kümmern. Wenn ich meiner Frau sagen würde, dass ich heute den Müll manage, würde sie mich vermutlich nur belustigt ansehen.

Management ist ein Handwerk. Es ist ein Mittel zum Zweck, dessen Umgang man lernen muss. Ich habe Führungskräfte kennengelernt, die ihre Verantwortung schlechter managen als ein Schulkind seinen Tagesablauf.

Ein wunderbares Beispiel für gutes Management sind in meinen Augen Eltern, die den Haushalt organisieren und die Kinder versorgen. Was Eltern – in Deutschland immer noch meistens Mütter – leisten, ist unbeschreiblich. Eine Mutter »tut und macht«, wie man so schön sagt. Sie kümmert sich. Und das in besonderem Maße. Sie managt, und zwar mit Leidenschaft. All die Struktur, die sie schafft, vorlebt und durchsetzt, würde sie nicht an ihr Ziel bringen, wenn ihr Herz nicht für ihre Aufgabe schlagen würde. Wenn ich von dem Begriff des Managens spreche, dann schaue ich deshalb eher auf eine sich kümmernde Mutter als auf Manager. Denn manche Ziele erreichen wir trotz der besten Strukturen nur, wenn sie uns tatsächlich am Herzen liegen. Leidenschaft zu managen, ergibt Sinn. Leidenschaftlich zu managen auch.

Der steinige Weg lohnt

»Macher gehen Risiken ein.«

Als ich 32 Jahre alt war, habe ich mir ein Mountainbike gekauft. Mein Vater hat jahrelang versucht, mich für das Hobby Radfahren zu begeistern, ohne Erfolg. Einfach nur geradeaus zu fahren, hat mich nicht gereizt. Doch Jahre später war es plötzlich um mich geschehen. Ich saß eines Abends auf der Couch und ertappte mich dabei, wie ich auf YouTube einigen Mountainbikern fasziniert dabei zuschaute, wie sie auf ihren voll gefederten Maschinen unwegsame Waldwege meisterten. Ich hatte mir ohnehin vorgenommen, mehr Sport zu treiben, warum also nicht auf einem Mountainbike? Es würde zwar lange dauern, bis ich nur ansatzweise so fahren konnte wie die Kerle in den Videos, aber immerhin würde ich mich sportlich betätigen. Und zu meiner Überraschung ging der Plan auf. Im Laufe der Zeit wurden aus Waldwegen Schlammstrecken. Aus Schlammstrecken wurden Treppen. Und aus Treppen wurden schließlich Fahrten durch Bikeparks. Das sind große Waldgebiete mit künstlich angelegten und mit Hindernissen gespickten steilen Strecken. Hindernisse zu meistern, die im ersten Moment unüberwindbar scheinen, macht etwas mit mir. Nicht nur wegen des Adrenalins und der Euphorie. Es zeigt meinem Kopf, dass ich mir mehr zutrauen darf, als ich es manchmal tue. Das motiviert ungemein. Sich bewusst dafür zu entscheiden, nicht den üblichen, langsamen und glatten Weg zu nehmen, sondern auf einer unebenen Strecke etwas zu wagen, vielleicht sogar vom Boden abzuheben und dennoch sicher auf- und anzukommen, ist ein unbeschreibliches Gefühl. Mit diesem Gefühl bin ich nicht allein.

Im Jahr 2016 haben sich in Deutschland rund 672 000 Menschen genau für dieses unbeschreibliche Gefühl entschieden.

Besser gesagt, sie haben sich dazu entschieden, die üblichen Sicherheiten hinter sich zu lassen und mit ihrer Unternehmensgründung noch unbekannte Hindernisse zu meistern, das heißt, Risiken einzugehen, die andere umfahren, und auf Annehmlichkeiten zu verzichten, die andere genießen. Wahrscheinlich auch unter den skeptischen Augen von Freunden und Verwandten und der begleitenden Frage: »Bist du denn verrückt? Kannst du dein Geld nicht so verdienen wie alle anderen auch?« Diese Fragen sind durchaus berechtigt. Warum sollte man sich für solch eine ungewisse Lebenssituation entscheiden? Sind es die dicken Autos? Ist es das große Geld? Vielleicht die fehlende Lust auf das Unterordnen und das frühe Aufstehen? Oder gibt es da noch mehr?

Damit wir über uns hinauswachsen können, ist die Frage nach diesem »Warum« sehr wichtig. Man kann sich manchmal nur schwer vorstellen, warum Menschen etwas wagen, das für andere unerreichbar scheint. Was sind das also für Gründe, die Menschen dazu motivieren, Risiken einzugehen und auf Schönes zu verzichten, um der inneren Stimme zu folgen? Bewegt mehrere Hunderttausend Menschen in Deutschland tatsächlich nur die Chance auf das große Geld? Wenn dem so ist, mache ich etwas verkehrt, so viel ist sicher. Das dicke Geld verliert auf meinem Konto zu schnell an Gewicht, besonders wenn es Begriffe wie Finanzamt, Sozialversicherungen oder Rücklagen hört. Es muss also noch mehr geben, das bewegt.

Menschen, die Risiken eingehen und etwas Außergewöhnliches wagen, kreisen mit ihrer Motivation häufig um einen von zwei Aspekten. Entweder wollen sie mit ihrem Wagnis Anforderungen von außen erfüllen oder ihre Leidenschaft beflügeln. In der Fachsprache existieren hierfür zwei Begriffe: die intrinsische Motivation, also die, die von innen heraus anspornt, und die extrinsische, die durch äußere Faktoren motiviert. Die Freude am Malen könnte eine intrinsische Motivation sein, das Gehalt eine extrinsische. Wenn wir Risiken eingehen und nicht nur wagen, sondern auch gewinnen wollen, macht es einen großen Unterschied, welche der beiden Motivationen uns antreibt.

Wer erfolgreich gründet, der gründet nicht, um die Hindernisse zu umfahren.

Als ich das erste Mountainbike kaufte, tat ich das nicht nur aus Leidenschaft. Das Fahrrad sollte gut aussehen und die Klamotten, die ich trug, ebenfalls. Zu wissen, dass ich endlich ein sportliches Hobby gefunden hatte, tat mir gut. Und anderen von einem solch »coolen« Hobby zu erzählen auch. Entsprechend stolz und motiviert war ich, als ich das erste Mal zu einem Bikepark fuhr. Meine Frau hatte mir zu Weihnachten einen Gutschein für einen Bikepark inklusive Trainerstunde und eine Actioncam geschenkt. Mit meiner neuen Schutzausrüstung folgte ich dem Trainer hoch zum ersten Trail. »Was für ein geiles Hobby«, dachte ich. Allerdings änderte sich meine Einstellung, während ich mit weichen Knien die Anfängerstrecke hinunterbremste. Eine Stunde später saß ich im Auto und war auf dem Heimweg. Die beiden Strecken, die ich gefahren war, hatten mich geschafft. Nach einer guten Stunde war mein Wunsch, einem bestimmten Bild gerecht zu werden, an seine Grenzen gekommen. An sich war das Fahren im Bikepark schön, wenn nur nicht diese hohe Geschwindigkeit gewesen wäre, die störenden Hindernisse und diese unglaublich steilen Wege. Risiken für das Selbstwertgefühl einzugehen, um in eine schön gezeichnete Vorstellung zu passen, geht nur so lange gut, wie sich uns keine Hindernisse in den Weg stellen. Hindernisse behindern. Wer Risiken für seinen Selbstwert eingeht, möchte sich gut fühlen, doch er kann mit jedem Hindernis diesen Wohlfühlzustand weniger halten und wird zunehmend daran verzweifeln. Wer erfolgreich gründet, der gründet nicht, um die Hindernisse zu umfahren. Er weiß, dass es darum geht, sich ihnen zu stellen. Auf der Rückfahrt war ich frustriert, denn mir wurde klar, dass mein Wunsch, so zu fahren wie die Jungs in den YouTube-Videos, mehr von mir verlangte, als ich gedacht hatte.

Der Grund, warum ich steile Abfahrten und ihre Hindernisse inzwischen liebe, liegt in der Übung. Fast siebzig Prozent meiner Zeit auf dem Rad verbringe ich in einem nahe gelegenen Park, während ich im Kreis fahrend meine Balance trainiere. Und glauben Sie mir: Was ich da mache, lässt mich in den Augen anderer alles andere als gut aussehen. Letzte Woche versuchte ich zufrieden, meinen Rekord auf dem Hinterrad zu brechen – bis ein paar kleine Jungen mich sahen, ohne Kommentar den kompletten Rundweg auf dem Hinterrad absolvierten und winkend einfach verschwanden. Schönen Dank! Wenn ich überlege, wie häufig ich mir die Pedale ans Schienbein haue, komisch aussehe und manchmal nicht besser trickse als ein paar Elfjährige, dann gibt es nur einen Grund, warum ich mich durch all das hindurchleide: Leidenschaft. Die Hindernisse, die zuvor noch an meinem Selbstwertgefühl gekratzt und meine Motivation infrage gestellt hatten, waren plötzlich der Grund, warum ich überhaupt aufs Rad stieg. Denn bei der Leidenschaft geht es nicht darum, nur einen Status quo zu halten. Das, was erfüllt, ist das Weiterkommen, das Wachsen. Es geht um die Weiterentwicklung und die Freude über jedes noch so kleine Hindernis, das man meistert. Und die ist groß. Vielen der Hindernisse, die ich damals noch mit Herzrasen auf mich zukommen sah, fiebere ich nun mit Herzklopfen entgegen. Wer seiner Leidenschaft folgt, berührt in sich etwas Tiefes, das er mit Geld oder Luxus nie erreichen würde. Deshalb sind Unternehmer nach ihrer Gründung häufig auch erfüllter als vor ihrem Wagnis, obwohl sie den eigenen Lebensstandard zunächst reduzieren. Wer diese Erfüllung einmal gespürt hat, setzt Prioritäten anders. Leidenschaft kann auf dem Weg zur Erfüllung die kuriosesten Pfade einschlagen.

Vor einigen Monaten habe ich eine Dokumentation gesehen, die mich sehr fasziniert hat.[2] Es ging um einen Bankmanager, dessen Leben ihn, trotz Wohlstand und Verantwortung, nicht erfüllte. Nachdem er gespürt hatte, dass er in seinem Leben etwas ändern musste, traf er eine ungewöhnliche Entscheidung. Er startete neu und machte sich selbstständig – und zwar als Physiotherapeut. Er tauschte also ein Leben, das sich mancher wünschen würde, gegen eine neue Ausbildung, eine kleine Praxis, unbequeme Arbeitszeiten und lange Abende voller Muskelkater. Aber er war darüber nicht unglücklich. Dieser bewundernswerte junge Mann hatte in sich etwas entdeckt, das auch bei vielen anderen unter der Oberfläche schlummert: die tiefe Sehnsucht nach echter Erfüllung und die Erkenntnis, dass seine Leidenschaft ihn stärker erfüllt als das schnelle Auto vor der Tür. Am meisten faszinierte mich allerdings, dass er tatsächlich den Mut aufgebracht hatte und diesen Schritt gegangen war. Denn Hand aufs Herz: Wer hat noch nie etwas Besonderes in der Hand gehalten, betont, dass dieser Luxus allein nicht glücklich macht, und trotzdem nicht losgelassen? Dieser Kerl hatte es getan. Er hatte gespürt, dass das Hamsterrad, in dem er täglich lief, egal wie groß, bequem und vergoldet es war, ihn zwar beschäftigt hielt und sicher, aber tief im Inneren nicht bewegte. Er hatte gemerkt, dass da noch mehr ist. Etwas, das er sich mit Geld nicht kaufen kann.

Wie geht es Ihnen, wenn Sie diese Geschichte hören? Wissen Sie, was Sie tief in Ihrem Inneren bewegt? Seiner Leidenschaft zu folgen, muss nicht immer bedeuten, sich beruflich völlig neu zu orientieren. Manchmal muss man nicht den Inhalt ändern, sondern ihm einfach einen neuen Rahmen geben. In meinem Fall war das so. Zur Zeit meiner Gründungsvorbereitung war ich mit der Marketing-Restrukturierung eines größeren mittelständischen Unternehmens betraut. Inhaltlich hatte ich meine Ziele erreicht: Budgets optimiert, die Qualität gesteigert und neue Prozesse entwickelt. Doch mein Arbeitsvertrag war befristet und eine Verlängerung ausgeschlossen. Für mich war das ein unbefriedigendes Gefühl, denn ich musste davon ausgehen, dass auch der nächste Job erst einmal befristet wäre. Für jemanden, der sich gern komplett in seine Herausforderungen investiert, weil er auf halber Flamme nicht arbeiten kann, waren diese kurzen Gastspiele alles andere als erfüllend. Ich wollte etwas bewegen, begleiten und aufbauen. Das war meine Leidenschaft und meine Sehnsucht. Hätte ich diese Chance in einer Anstellung gefunden, hätte ich sie motiviert angenommen. Da dies nicht geschah, nahm ich mein Erspartes, beschlagnahmte eine Ecke unserer Küche und tat das, was ich die letzten Jahre auch getan hatte: Unternehmer und Entscheider dabei unterstützen, ihre Ziele möglichst herausragend zu erreichen.

Häufig bin ich mir des Wegs, der hinter mir liegt, gar nicht bewusst.

Man sollte meinen, ich hätte mein großes Büro mit Besprechungsecke, eigener angrenzender Küchenzeile und Balkon vermisst. Aber meine eigene Firma, die zu Beginn nur aus zwei Quadratmetern bestand, erfüllte mich.

Bald mietete ich für meine Firma die Wohnung über uns an. Nicht viel später zogen wir privat um und ich holte das Büro wieder zurück in die Räume, in denen alles begonnen hatte, quasi als nostalgischer Akt. Heute hängen im Besprechungsraum in der damaligen kleinen Start-up-Ecke Whiteboards. Häufig bin ich mir des Wegs, der hinter mir liegt, gar nicht bewusst. Aber besonders wenn ich in der kleinen Ecke vor den Whiteboards stehe, bin ich Gott dankbar, dass sich das Risiko, auf meine Leidenschaft zu hören, gelohnt hat. Damals wie heute.

Meine Geschichte ist natürlich nur eine von vielen und sicherlich eine der undramatischsten. Deshalb war es mir wichtig, bei jemandem nachzuhaken, der schon etwas länger Risiken eingeht. Jemand, von dem ich mir selbst viel abgucken durfte. Als ich 18 Jahre alt war, machte ich ein Praktikum in einer Werbemittelagentur und hatte dabei die erste Berührung mit dem Thema Marketing. Wenn jemand mein Macher-Bild in meinen Zwanzigern geprägt hat, dann mit Sicherheit der Chef dieser Agentur. Seitdem verbindet uns eine echte Freundschaft. Wer wäre also besser geeignet für dieses Gespräch als Mikel? Wir treffen uns in seiner Agentur. Ich habe Kuchen mitgebracht, eine Art Tradition bei uns. Mit großen Kaffeebechern und ordentlich viel Apfelkuchen sitzen wir im gemütlichen Besprechungsbereich.

MIKEL GRAF
INHABER GRAF-KOMMUNIKATION

Ich schreibe gerade darüber, dass der Weg in die Selbstständigkeit eine Erkenntnis und auch ein Prozess ist. Wie war das bei dir? Hast du schon immer gewusst, dass du dich selbstständig machen möchtest?

Mikel Graf: Nicht bewusst. Ich habe nach meinem Studium drei Jahre lang in einer Werbemittelagentur gearbeitet und kam mit allem eigentlich sehr gut zurecht. Der Stein, der die Gedanken konkret ins Rollen brachte, wurde eher durch zwei positiv verrückte Holländer angestoßen. Ich habe damals Paul Donders und Vincent G. A. Zeylmans van Emmichoven kennengelernt und die haben mich immer dazu ermutigt und gefragt: »Warum machst du dich nicht selbstständig?«

Und wie war deine Reaktion darauf? Warst du skeptisch?

Mikel Graf: Auf der einen Seite habe ich gemerkt, dass das schon mein Wunsch ist, aber auf der anderen Seite natürlich auch ein Stück weit Respekt davor gehabt, den stabilen Job mit dem kontinuierlichen Gehalt zu verlieren. Es war aber auch so, dass ich mich als Angestellter stark gebunden gefühlt habe, und das klang unterschwellig halt immer schon mit.

Wie hast du es geschafft, dich aus dieser Gebundenheit zu lösen?

Mikel Graf: Paul und Vincent hatten vor, eine neue Büroetage zu beziehen, und mich immer wieder gefragt, ob ich nicht dazustoßen wollte. Dadurch würde ich ihre Kunden aus der Unternehmensberatung kennenlernen und Kontakte knüpfen. Und so ist der Gedanke immer mehr gewachsen, bis ich den Schritt dann schließlich getan habe.

Ich weiß, dass viele Gründer denken, sie müssten von Beginn an nach Erfolg aussehen mit allem, was sie haben und tun. Wie war das bei dir?

Mikel Graf: (lacht) Ich bin von zu Hause aus gestartet. Ich weiß noch, wie im Hintergrund die Kochtöpfe klapperten, während ich telefonierte. Den ersten großen Auftrag musste ich per Fax bestätigen und hatte noch nicht mal ein richtiges Logo. Also habe ich aus einer Kartoffel einen Stempel geschnitzt, das Ding draufgemacht und zurückgefaxt. Ich erinnere mich auch an einen kurzfristigen Termin mit BOSE, für den ich keine passenden Schuhe hatte. Ich musste jemanden losschicken, damit er mir noch schnell schwarze Schuhe besorgt. Ich musste also oft kreativ sein, aber das hat letztendlich viel Spaß gemacht. Und geschadet hat es auch nicht.

Ich finde das amüsant, weil ich weiß, dass du einen sehr guten Geschmack und Stil hast. War es für dich nicht eine Herausforderung, so kreativ sein zu müssen und viel zu improvisieren?

Mikel Graf: Nein, gar nicht. Du musst dir vorstellen, ich habe damals für 1 000 DM meine ganze Büroausstattung aus einer Geschäftsauflösung gekauft und ich habe viele Teile davon immer noch. So lange haben die gehalten. Natürlich habe ich auch darauf geachtet, alles möglichst stilvoll zu gestalten. Aber man startet klein. Und das war völlig okay.

Hast du damals eigentlich etwas verspürt, wo du gesagt hast: »Genau das erfüllt mich an meiner Arbeit und deswegen macht die Selbstständigkeit total Sinn«?

Mikel Graf: (überlegt) Ich merke, dass ich glücklich bin, wenn meine Kunden glücklich und zufrieden sind. So zu agieren, dass das funktioniert, braucht manchmal mehr als das Miteinander, das man sonst kennt. Für mich bedeutet das nicht nur Leidenschaft für die Sache, sondern auch Leidenschaft an dem Menschen selbst. Wenn mein Kunde intern oder extern ein positives Feedback bekommt, dann macht mich das glücklich. Da reicht es, wenn ich im Background bleibe. Ich denke, es ist schon erfüllend, wenn man sich nicht verbiegen muss, sondern man selbst sein kann. Und das lebt man natürlich dann ganz anders. Das heißt, ich kann selbst entscheiden, ob ich meine Meetings in der Eisdiele mache oder abends noch mit den Jungs zum Fußball gehe. Wir haben zu unseren Kunden eigentlich immer ein sehr gutes, fast freundschaftliches Verhältnis. Das hätte ich vielleicht als Angestellter gar nicht so ausleben können, wenn mein Chef das nicht gewollt hätte.

Würdest du sagen, dass diese Freiheit, deine Leidenschaft zu leben, erfüllender ist als finanzielle Sicherheit oder ein schickes Auto? Ich glaube, viele fänden es leichtsinnig, sich auf die Leidenschaft zu konzentrieren.

Mikel Graf: Das sehe ich anders. Ich glaube, Geld macht nur begrenzt glücklich. Ein schickes Auto oder eine tolle Agentureinrichtung sind sicherlich etwas Tolles, aber wirklich glücklich macht es mich eher, wenn ich merke, dass unsere Arbeit das Ziel erreicht hat, das auf dem Plan stand, wie zum Beispiel zur Fußballweltmeisterschaft 2006, wo wir die Reinigungskräfte in der Innenstadt mit Trikots als »Cleansmänner« ausgestattet haben und selbst der WDR darüber berichtet hat. So was macht einen glücklich. Wenn man selbst sieht, wie toll die Leute auf den Straßen behandelt werden, wenn gesagt wird: »Das sind die coolen Jungs und nicht die Deppen der Nation, weil sie den Müll der anderen aufsammeln müssen.« Das macht einen glücklich. Und dafür steht man dann morgens dreimal lieber auf als für die tolle Couch.

Etwas, das ich mir oft dankbar von dir abgucken durfte, war ein gelassener Umgang mit der wirtschaftlichen Zukunft. Hast du den Schritt in die Selbstständigkeit jemals bereut?

Mikel Graf: Ach, du wirst als Selbstständiger immer schlaflose Nächte haben, aber bereut habe ich's nie, obwohl ich ein sicherheitsliebender Mensch bin. Falls die Agentur irgendwann mal den Bach runtergehen würde und ich wieder neu anfangen müsste – was soll's? Da muss man dann immer einmal mehr aufstehen, als man fällt, und den Glauben haben, dass Gott einen trägt. Ich habe mir vor einigen Jahren bei einem Treppensturz mehrfach das Schienbein gebrochen. Da macht man sich dann schon Gedanken, wie man das Unternehmen führen soll, wenn man ans Bett oder an Krücken gefesselt ist. Im Nachhinein kann ich sagen, das war mit eines der umsatzstärksten Jahre (lacht). Mutig sein, lohnt sich.

Vielen Dank für das interessante Gespräch!

Etwas ganz Unscheinbares, das Mikel in unserem Gespräch erwähnte, ließ mich aufhorchen, weil ich dachte, dass ich damit als Unternehmer ziemlich allein dastehen würde: Er sagte, er sei ein sicherheitsliebender Mensch. Ich habe ziemlich mit mir selbst gerungen, bevor ich mich für die Gründung entschieden habe, eben weil mir Sicherheit so wichtig ist. Wie passen das Eingehen von Risiken, die es für jeden Unternehmer gibt, und der Wunsch nach Sicherheit zusammen?

Je mehr ich darüber nachdachte, desto klarer wurde mir: Wenn mir Sicherheit nicht wichtig wäre, dann hätte ich in den vergangenen Jahren unternehmerische Entscheidungen anders getroffen und würde vielleicht jetzt kein Buch schreiben, sondern Bewerbungen. Man sagt immer so leicht, dass die Selbstständigkeit nichts für Leute ist, denen Sicherheit wichtig ist, dass solch ein Wagnis für niemanden realistisch wäre, der sicherheitsliebend ist. Aber stimmt das wirklich?

Natürlich ist Sicherheit wichtig.

Ich glaube, dass wir mit dem Wort »Liebe« in diesem Kontext nicht bewusst genug umgehen. Würden wir bei einem Unternehmer anklingeln und fragen, ob ihm Sicherheit wichtig ist, wäre die Antwort sicherlich ein klares Ja. Natürlich ist uns Sicherheit wichtig. Bevor wir große Investitionen tätigen, brauchen wir Investitionssicherheit. Bei wichtigen Entscheidungen, die Strategien oder das Personal betreffen, brauchen wir Entscheidungssicherheit. Und auch wenn wir unsere Budgetplanung mit Blick auf das Jahresergebnis steuern, tun wir das aus dem Grund der Planungssicherheit. Im Marketing launchen wir eine nationale Werbekampagne nicht ohne eine vorherige Umfrage, die uns die Sicherheit gibt, dass wir tatsächlich die richtigen Personengruppen verständlich ansprechen. Ein Unternehmer, dem Sicherheit nicht wichtig ist, ist kein Unternehmer, sondern ein Narr.

Seien Sie also ruhig sicherheitsliebend. Aber seien Sie nicht sicherheitsverliebt. Als Teenager hätte wohl mancher jeden einzelnen Stern vom Himmel geholt, nur um die Gefühle dieses einen pubertierenden Gegenübers zu erhaschen, um dann gemeinsam bis ans Lebensende glücklich zu werden. In den seltensten Fällen ist es dazu gekommen. Verliebtsein ist etwas Schönes, aber es hat in vielerlei Hinsicht zunächst wenig mit der Realität zu tun. Wer sicherheitsverliebt ist, gibt sich einer Illusion hin. Einer Illusion, die auf den ersten Blick beruhigend und auf den zweiten betäubend wirken kann. Wer verliebt ist, der klammert sich fest.

Seien Sie also ruhig sicherheitsliebend. Aber seien Sie nicht sicherheitsverliebt.

Es gibt Unternehmer, die klammern an ihrem Geld, weil sie nie gelernt haben, dass Geld in erster Linie ein wirtschaftlicher Faktor ist, den man einsetzen muss, um zu gewinnen. Es gibt auch jene, die sich an ihre Idee klammern, weil sie weitere Kompetenzen, die sie eigentlich an Bord brauchen, nicht am Gewinn beteiligen wollen. Und es gibt Familienunternehmen, die ihre Kommunikation und Vertriebsstrategie schon seit Jahrzehnten auf die gleiche Weise an den Markt tragen und vor lauter Verliebtsein die eigene rosarote Brille nicht erkennen. Wenn Sie merken, dass Sie sich existenzielle Entscheidungen nicht einfach aus dem Ärmel schütteln, sondern Ihren Bedenken Raum geben und Vor- und Nachteile abwägen, dann sind Sie auf dem absolut richtigen Weg. Wenn Sie sicherheitsliebend sind, machen Sie schon mehr richtig als manch anderer, der den Absprung unüberlegt beginnt und dann nicht weiß, wo und wie er landet. Das Schwierige ist, dass wir gerade zu Beginn unseres Wagnisses Aufgaben meistern müssen, die größer und ungewohnter sind, als wir es bisher kennen. Genau dafür benötigen wir Techniken, die unsere Balance aus Sicherheit und Wagnis neu sortieren.

Stellen Sie sich vor, Sie müssten mit Ihrem Fahrrad von der Straße aus frontal den Bürgersteig anfahren. Natürlich würden Sie nicht einfach hochrollen, denn das würde Ihnen Ihre Felge nicht verzeihen und Sie mit großer Wahrscheinlichkeit zu Fall bringen. Also versuchen Sie vielleicht, den Lenker etwas hochzureißen, um das Vorderrad im richtigen Moment für kurze Zeit in die Luft zu heben. Im Falle eines Bürgersteigs funktioniert das. Aber stellen Sie sich vor, Sie müssten einen Baumstamm überwinden. Das würde mit dem gewohnten Vorgehen nicht funktionieren. Um sich auf unbekannte Hindernisse einzustellen, braucht man eine Technik, bei der es egal ist, ob man einen Bordstein, einen Baumstamm oder eine Bank überwinden muss.

Ein Mountainbiker überwindet längere Abfahrten mit unterschiedlichsten Hindernissen, weil er sich nicht bei jedem Hindernis aufs Neue fragen muss, wie er es denn schaffen kann. Eine Handvoll Techniken reichen in der Regel aus, um die meisten Situationen entspannt zu meistern und sich darin weiterzuentwickeln. Das bedeutet aber auch, dass man das Gewohnte aufgeben und sich auf etwas Neues einlassen muss. Das gewohnte Hochreißen des Lenkers ist da ein sehr gutes Beispiel. Macher gehen Risiken ein, weil sie nicht blind drauflosrennen.

Ein Mountainbiker würde das Vorderrad nicht aus den Armen heraus hochziehen, denn es würde durch das eigene Körpergewicht sofort wieder nach unten katapultiert. Mountainbiker verlagern mit einem beherzten Ruck den Körperschwerpunkt im richtigen Moment weit nach hinten und heben damit dann, wie bei einer Wippe, das Vorderrad an. Das braucht Übung, denn unser Kopf empfindet für solche Gleichgewichtsexperimente in der Regel keine Begeisterung.

Aber das Rütteln an der eigenen Komfortzone lohnt sich.

Durch die Wippe nach hinten bleibt das Vorderrad so lange und so hoch in der Luft, wie es das Hindernis von uns verlangt. Und zwar kontrolliert. Dieses neue Gleichgewicht braucht neben Übung, Vertrauen und etwas Zeit, bis es sich einstellt und sich nicht mehr komisch anfühlt. Wer dieses Gleichgewicht jedoch für sich entdeckt hat, wird etwas wagen.

Egal ob Sie mountainbiken oder anderweitig etwas wagen wollen: Sie müssen ihrem Gleichgewichtssinn beibringen, dass Sie das, was Sie gerade durch Ihr Leben trägt, auch ganz anders fahren oder steuern können als bisher, um bei ihrem neuen Ziel anzukommen.

Pläne müssen leben

»Macher haben einen Plan.«

Mit der richtigen Technik Wagnisse einzugehen, ist für viele der erste und sicher wichtigste Schritt hinein in das »Abenteuer Macher«. Das bedeutet aber nicht, dass Ihnen dieser Schritt leichtfallen muss. Meine Gründung wurde mir an manchen Stellen leicht gemacht und doch ging sie mir nicht leicht von der Hand. Die Entscheidung, Büroräume anzumieten, die so viel kosten wie unsere Wohnung, war für mich ein unbehaglicher Schritt. Sich auf so hohe Fixkosten einzulassen, um etwas zu tun, das zu dieser Zeit noch aus einer kleinen Büroecke heraus funktionierte, fiel mir nicht leicht. Und doch habe ich diese Entscheidung nie bereut. Es gibt Wagnisse, über die man sich kaum Gedanken macht, und andere, die einen stark beschäftigen. Welches Wagnis geht Ihnen durch den Kopf, wenn Sie von meinem Unbehagen lesen? Dass Leidenschaft uns nicht über jedes Hindernis im emotionalen Höhenflug hinwegträgt, ist eine wichtige Erkenntnis. Nach diesem Wohlbefinden seinen Erfolgskurs zu bewerten, wäre irreführend. Manchmal reicht Leidenschaft eben auch nur für diesen einen kleinen Ruck, ohne den man nicht abheben würde.

Allerdings muss man nach diesem Ruck wissen, was man tut.

Wer sich traut, vom Fünf-Meter-Brett zu springen, sich auf dem Snowboard die steile Abfahrt hinunterwirft oder sich zum Wandern in die Berge begibt, braucht einen Plan. Leidenschaft ist gefährlich, wenn sie nicht strukturiert ist. Vor allem aber führt sie dann zu nichts. Sie können mit Ihrer Leidenschaft Stunden verbringen, ohne dass Sie zu einem konkreten Ergebnis kommen. In besonderer Weise ist das auch das Zauberhafte an ihr.

Wer sich in seiner Leidenschaft bewegt, der misst sein Glück nicht am unmittelbaren Fortschritt. Allein sich in ihr zu tummeln und seine Zeit mir ihr zu verbringen, stimmt das Gemüt froh. Für diese Leidenschaft ist der Fortschritt zweitrangig. Ein Ziel kann man jedoch ohne Fortschritt nicht erreichen. Aber wollen wir unsere Leidenschaft überhaupt strukturieren? Sie disziplinieren und an die kurze Leine nehmen? Leidenschaft zu strukturieren, sie an einem nüchternen Plan auszurichten und ihr nicht einfach zu folgen, kann eine besondere Herausforderung sein. Das zeigt sich schon in jungen Jahren. Obwohl mein Neffe Milan mit seinen vier Jahren noch etwas zu jung war, um mit LEGO Creator zu spielen und einen Dinosaurier alleine zusammenzubauen, landete der T-Rex in meinem Einkaufswagen. Ganz selbstlos versteht sich. Als Milan in unserem Wohnzimmer die Packung sah, wurden seine Augen ganz groß. So einen Dinosaurier hatte er noch nie gesehen, selbst zusammengebaut erst recht nicht. Es war eine neue Herausforderung und eine aufregende noch dazu. Er riss die Packung auf, öffnete die drei Tüten und fing an zu bauen, schließlich wusste er, welches Ziel er hatte. Alles, was er dazu brauchte, lag vor ihm. Er suchte sich die zwei spannendsten Steine und drückte sie irgendwie ineinander. Vierjährige haben für komplizierte Strukturen meist noch keinen Blick. Vierzigjährige manchmal auch nicht.

Trotz aller Euphorie für das Ziel fällt es nicht leicht, einen nüchternen Plan zu akzeptieren und sich an ihm zu orientieren.

Trotz aller Euphorie für das Ziel fällt es nicht leicht, einen nüchternen Plan zu akzeptieren und sich an ihm zu orientieren, besonders wenn die Arbeitsschritte für das spektakuläre Ziel alles andere als spektakulär aussehen. Milan hätte am liebsten mit den

Augen des Sauriers begonnen, ich mit den großen Zähnen. Aber wenn man baut, wie einem der Sinn steht, kann vieles dabei entstehen – nur nicht der ersehnte Dinosaurier. Ohne Struktur kein Saurier. Und ohne Plan und nüchterne Arbeitsschritte keine Struktur. Einem Plan strukturiert zu folgen, dauert manchmal Jahre. Dass dies zur Herausforderung werden kann, liegt auf der Hand.

Für Milan dauerte unser »Abenteuer Dinosaurier-Macher« gefühlte zehn Jahre. Und wer so lange wie er einen unspektakulären Stein auf den anderen setzt, der fragt völlig zu Recht: »Onkel Bastian, was soll das denn sein?« Die Mischung aus Leidenschaft und Struktur führt unweigerlich zu der Frage: »Was mache ich hier eigentlich?« Trotz aller Struktur und Planung hat man das eigentliche Ziel noch nicht erreicht und kann nicht einmal im Ansatz erkennen, wie man dort hinkommen soll. In unserem Fall sah das, woran wir »ewig« gemeinsam bauten, wie ein grüner Klumpen LEGO aus, nicht wie ein Dinosaurier. Wann die Augen drankommen, wollte Milan wissen. Ich blätterte durch die Anleitung. Auf der letzten Seite wurde ich fündig und erwiderte: »Bald.«

Manchmal ist es besser, der Leidenschaft schöne Augen zu machen, damit die Struktur nicht völlig an Attraktivität verliert.

Etwas, das man leidenschaftlich tut, so zu strukturieren, dass es im Ergebnis herausragend wird, braucht Disziplin. Wenn Spitzensportler aufgrund ihrer Leidenschaft Weltrekorde brechen, erreichen sie ihre Ziele nur, weil sie im richtigen Maße trainieren und diszipliniert leben. Bevor der Fußballer ein Weltmeisterschaftsspiel absolviert, hat sich irgendjemand lange Gedanken darüber gemacht, was der Leidenschaft des Sportlers hilft und was nicht, was sie fördert und was vermieden werden sollte. Deshalb brauchen Macher für ihre Herausforderungen einen konkreten Plan. Entscheidend ist es jedoch, diesen Plan im richtigen Moment anzupassen. Das ist etwas, das nicht jedem liegt. Ich habe Gründer erlebt, die trotz genialer Ideen und erfolgreicher Umsätze ihr Abenteuer beendet mussten, weil ihre Pläne so konkret in Stein gemeißelt waren, dass sie auf Veränderungen nicht reagieren konnten. Dabei ist das Spannende an jedem Abenteuer ja, das Ungewisse auf dem Weg zum Ziel zu überwinden. Indiana Jones wäre ein absoluter Langweiler, gäbe es auf seinen Abenteuern keine Hindernisse oder würde er sich bei der ersten Schwierigkeit wieder abholen lassen. Ohne einen Plan kann man nicht starten. Und ohne ihn regelmäßig anzupassen, kommt man nicht an.

Die Leidenschaft, zu bauen, musste sich von nun an immer dem »System« unterwerfen.

LEGO selbst ist eines der besten Beispiele dafür – nicht nur, wenn man eigene Figuren oder Bauwerke erfinden oder nachbauen möchte, sondern auch, wenn man auf die Unternehmensgeschichte schaut. Wussten Sie, dass der Gründer des späteren Spielzeugimperiums Ole Kirk Christiansen eigentlich Tischler war? Seine kleine Firma befasste sich mit dem Hausbau, bis die Konjunkturkrise ihn zwang, sich auf eher kleinere Holzprodukte zu spezialisieren. Welch eine Planänderung! Neben Möbeln fanden vor allem seine Holzspielzeuge großen Absatz, allem voran fahrende Holztiere, zum Beispiel Enten auf kleinen Rollen. Die Nachfrage nach seinen Holzspielsachen war so groß, dass er sich dazu entschied, den Fokus von nun an komplett auf Holzspielzeuge zu legen. Mit dem Plan wechselte auch der Unternehmensname, der von nun an LEGO lautete, eine Abkürzung vom dänischen »Leg godt«, was so viel bedeutet wie »spiel gut«. In den 40er-Jahren wurde Holz als Produktionsmittel jedoch knapp und Christiansen musste seine Pläne erneut anpassen. Zu seinem Glück wurde gerade der Spritzguss bekannt, mit dem man Teile aus dem neuen Material Plastik formen konnte. Das ließ ihn erneut kreativ werden. Der ehemalige Tischler versuchte sich an kleinen bunten Spielsteinen, aus denen man kleine Häuser bauen konnte. Die kleinen Steine mit dem unvorteilhaften Namen »Automatic Binding Bricks« blieben allerdings nicht aufeinander stecken, sie fielen schlichtweg auseinander. Dennoch waren sie in Dänemark ein Erfolg. Das wirkliche Potenzial seiner Idee entdeckte Christiansen jedoch erst später. Der ausländische Spielzeugmarkt beklagte zunehmend, dass sich Spielsachen nicht miteinander kombinieren ließen. Man könne ein geliebtes Spielzeug nicht gut mit anderen ergänzen, es fehle das System. Ein System hatte Christiansen, ganz abgesehen von einem weiteren genialen Plan. Er fügte in die hohlen Steine kleine Röhren ein, die dafür sorgten, dass die Steine besser aufeinander saßen. Diese Änderung ermöglichte es, fast unendliche Kombinationen zu bauen: Häuser,

Ohne einen Plan kann man nicht starten. Und ohne ihn regelmäßig anzupassen, kommt man nicht an.

Autos, Schiffe, Züge. Die Leidenschaft zu strukturieren und in Pläne zu gießen, war für Christiansen ein Erfolg. Und doch wurde die Struktur zur größten Herausforderung des Unternehmens. Denn die Leidenschaft, zu bauen, musste sich von nun an immer dem »System« unterwerfen. Alles musste zusammenpassen. Es ist unglaublich, wenn man bedenkt, dass LEGO an der Grundidee seines Produkts seit der Mitte des zwanzigsten Jahrhunderts nichts verändert hat. Allein durch die ausgefeilten Pläne schaffte es LEGO, in Verbindung mit weiteren Eigenmarken wie »LEGO Technik«, Filmlizenzierungen und eigenen Kinofilmen, erfolgreich zu bleiben. Und das alles auf der Grundlage von ein paar einfachen Plastiksteinen.[3]

Einen Plan zu entwickeln und ihn immer wieder zu verbessern, kann unbefriedigend und ermüdend sein und ist doch wichtig. Über diese Abenteuerplanung habe ich mit jemandem gesprochen, der von diesem Thema einen ganz besonderen Plan hat. Der Schweizer Theologe Thomas Härry ist Dozent und Autor zahlreicher Bücher. Thomas ist ein strukturierter, sympathischer Typ, der weiß, wovon er spricht. Kein Wunder, dass sich Unternehmer und Führungskräfte in ihrer eigenen Planung gern von ihm begleiten lassen.

Mein Buch dreht sich um folgende Aussage: »Wer etwas bewirken will, kann erst durch die richtige Balance aus Leidenschaft und Struktur seine beste Wirkung entfalten.« Welchen Stellenwert hat Planung in diesem Zusammenhang für dich?

THOMAS HÄRRY

AUTOR, BERATER UND DOZENT

Thomas Härry: Immer wenn wir Ideen zu einem Plan hin strukturieren, bearbeiten und formen können, entsteht etwas ganz Entscheidendes. Dann entsteht aus Leidenschaft Tat. Die Tat an sich ist für mich noch nicht genug. Da bin ich ganz im alten Verständnis von Management. Taten müssen zu Resultaten führen. Allein etwas zu tun, heißt noch nicht, dass wir Ergebnisse erzielen, die uns ans Ziel führen. Die strukturierte Weiterentwicklung von Leidenschaft muss zu einem Ergebnis führen, das unserer Vorstellung tatsächlich entspricht, und zwar möglichst nachhaltig. Wenn das passiert, dann haben Struktur und Leidenschaft wirklich ihre beste Wirkung entfaltet. Und das geht nur mit einer guten Planung.

Aus Erfahrung wissen wir zwei, dass beides miteinander Großes bewegen kann. Kannst du dir vorstellen, dass andere Menschen Leidenschaft und Struktur eher als Gegensätze sehen und mit beidem nur schwer planen können?

Thomas Härry: Ja ich vermute, dass man grundsätzlich eher in Gegensätzen denkt. Wenn ich mich in Organisationen umschaue und von Schwierigkeiten höre, dann haben diese häufig etwas damit zu tun, dass zwei unterschiedliche Typen, der Leidenschaftliche und der Strukturierte, sich nicht finden und sich nicht miteinander verbinden. Aber ich gebe dir recht und würde beide nicht als Gegensatz empfinden. Ich würde sie als zwei Kräfte bezeichnen, die komplementär wirken. Es ist kein Entweder-oder. Wenn man beide als komplementär versteht, dann bedingen sie sich gegenseitig. Und da habe ich eine ganz große Überzeugung bei diesem Thema: Leidenschaft ohne Struktur verpufft, Struktur ohne Leidenschaft erstarrt. Wenn beides zusammenkommt, macht das meiner Ansicht nach Menschen oder Organisation nachhaltig wirksam.

Leidenschaft kann gefährlich sein. Man könnte sagen, die Struktur nimmt ihr die Bedrohlichkeit. Der richtige Plan muss das Richtige aus der Leidenschaft hervorbringen, nicht nur wirtschaftlich. Siehst du das ähnlich?

Thomas Härry: Da sprichst du etwas ganz Wichtiges an, das die Begrifflichkeit betrifft. Mir helfen hier die alten Griechen, weil sie zwischen zwei Richtungen von Leidenschaft unterscheiden. Der erste Begriff »pathäma« beschreibt das Negative an Leidenschaft, das in den Zorn führt oder eine Affekthandlung motiviert. Diese Art von Leidenschaft führt zu Resultaten, sie führt zu Taten und sie ist manchmal auch nachhaltig, aber was sie hervorbringt, baut nichts auf. Sie zerstört und gefährdet Beziehungen und Organisationen. Deswegen ist die zweite Bedeutung von Leidenschaft für die Griechen so wichtig, nämlich das Wort „sympatheo«. Sympathie ist davon abgeleitet. Sympatheo bedeutet das Zusammenführende, das Gute. Es ist etwas Beflügelndes, das die positive Seite der Leidenschaft immer mit Herz gestaltet. Und wenn etwas mit Herz zu etwas Gutem gestaltet wird, dann ist das die Leidenschaft, von der wir sprechen, die wir wollen, begrüßen und brauchen.

Das heißt, wir sollten in unseren Planungen berücksichtigen, wie wir die Vorteile unserer Leidenschaft für uns nutzbar machen. Muss ein Plan deshalb nur so von Vorteilen strotzen?

Thomas Härry: Wenn eine Idee mit echter Leidenschaft verbunden ist, dann bist du auch bereit, dafür Nachteile in Kauf zu nehmen. Und zwar nicht nur Risiken, sondern auch Dinge, die dir verwehrt bleiben, dir aber sonst sehr wichtig sind. Ich habe in letzter Zeit eine Idee mit mir herumgetragen, für die ich eine ganz starke Leidenschaft verspürte, und habe in meinem Fall gemerkt, dass ich meine Idee möglichst erschwinglich machen möchte und es für mich okay ist, nicht viel daran zu verdienen. Das mag für jemand anderen wie ein schlechter Plan wirken. Aber wenn eine Planung mit Leidenschaft verbunden ist, dann darf sie auch Folgen haben, die dir nicht nur Vorteile bringen. Das muss man sich erlauben. Manchmal erwächst aus solchen Plänen dann etwas, das Erwartungen übertrifft.

Planungen können ja sehr vielschichtig sein. Was ist für dich der erste Schritt einer Planung?

Thomas Härry: Es braucht nur ein paar ganz simple Dinge: Erst mal muss die Idee aufs Papier. Es ist wichtig, dem Ganzen eine Form zu geben. Irgendwann musst du eine Form finden oder es als Träumerei abtun, die nicht realistisch ist. Ich hatte die eben erwähnte Idee lange nicht auf Papier gebracht. Das ist ein typisches Zeichen für Leidenschaft, die sich noch scheut, strukturiert zu werden (lacht). Wenn man seine Gedanken niedergeschrieben und die Idee damit schon etwas vorgeformt hat, sollte es konkret werden. Man sollte sie mit anderen besprechen. Du wirst dann wissen, welche Leute du an deiner Seite brauchst. Welche Ziele hast du? Welche Termine? Wenn du dich selbst dazu zwingst, auf dem Papier aus der Idee etwas Konkretes zu machen, bist du schon tiefer in einem Plan, als du denkst. Was ich aber wirklich interessant finde, ist, dass die Struktur die Leidenschaft noch einmal intensiviert. Weil es jetzt konkret wird. Weil du jetzt siehst, was die Folge von deinem Tun ist. Deswegen spreche ich von dem Komplementären. Die Struktur beflügelt die Leidenschaft und die Vision.

Dass Struktur die Leidenschaft beflügelt, wenn man beobachtet, wie dadurch eine Idee Gestalt annimmt, kenne ich sehr gut. Warum fühlen sich dann nicht viel mehr Menschen beflügelt, wenn sie sich in Strukturen tummeln?

Thomas Härry: Weil viele Menschen wahrscheinlich diese tiefe Leidenschaft irgendwann zuvor begraben haben, auch in der Mühle sachlicher Vorgaben in größeren Unternehmen. Da bist du ja ein kleines Rädchen und verlierst häufig das, was mit Leidenschaft zu tun hat. Du funktionierst. Es wäre schön, wenn sich ein paar Menschen durch dein Buch wieder fragen: Wo ist in meinem Leben eigentlich mal Leidenschaft gewesen? Oder wann war sie konkreter als jetzt? Was würde es bedeuten, sie wieder zu beleben und ihr Raum zu geben?

Vielen Dank für das interessante Gespräch!

Planen ist mein Ding. Mein Herz schlägt für das Entwickeln von Ideen, für das Gestalten unternehmerischer Strukturen. Organisationen zu strukturieren und Prozesse zu planen, ist abwechslungsreich. Damit man jedoch überhaupt erst die Strukturen einer Organisation oder eines Projektes planen kann, muss man mit sich selbst planen können. Man muss sich selbst strukturieren, konzentrieren und mit den besten seiner Eigenschaften ans Werk gehen. Das Planen an sich fällt nicht jedem gleich leicht. Denn einen Plan zu machen, kann auch bedeuten, einen Traum platzen zu lassen.

Wer plant, wird ehrlich zu sich selbst.

Was sich zuvor in der eigenen Vorstellung lange wohlig gut anfühlte und wie ein bunter Luftballon den optimistischen Blick nach oben zog, bekommt nun Kontur. Manchmal eine so ehrliche und unerwartete, dass sie Träume platzen lässt. Wer plant, wird ehrlich zu sich selbst. Die Realität eines Machers ist simpel. Wer durch sein Tun etwas bewirken möchte, egal in welchem Kontext und welchem Ausmaß, der entfaltet die beste Wirkung erst durch die Kombination aus Leidenschaft und Struktur. Er plant mit seiner Leidenschaft. Haben Sie einen Plan? Haben Sie einen Plan, wie Sie mit Ihrer Leidenschaft umgehen?

Thomas brachte mit seinem Hinweis auf die alten Griechen und ihre Unterscheidung von zwei Arten von Leidenschaft einen Aspekt in die Thematik hinein, den ich in dieser Form noch nicht kannte und den ich faszinierend fand. Ich fühlte mich dadurch an mein Beispiel der Spitzensportler erinnert. Der Sportler erlebt in seiner Leidenschaft ebenfalls Facetten, die nicht nur konstruktiv, sondern auch höchst destruktiv sein können. Eine falsche Ernährung zum

Beispiel, ein zu intensives Training, das dem Körper mehr Energie nimmt, als es ihm gibt. Das kann sogar zu gesundheitlichen Beschwerden führen. Dass die alten Griechen für die positiven und negativen Facetten der Leidenschaft jeweils ein eigenes Wort hatten, fand ich spannend. Es passt zur heutigen Definition von Leidenschaft, die ich in Kapitel 1 vorgestellt habe: Leidenschaft kann für den Einsatz im professionellen Alltag gefährlich sein. Diese Unberechenbarkeit kann zu ungewollten Ausbrüchen führen, vor allem im Affekt. Leidenschaft muss daher gezähmt und strukturiert werden. Leidenschaft, die ins Negative zu schießen droht und affektbedingt mehr kaputt macht als aufbaut, ist genau das, was wir vermeiden wollen. Wenn wir Leidenschaft strukturieren oder zähmen, dann ist es notwendig, mit ihr so zu planen, dass diese negativen Eigenschaften kein Oberwasser gewinnen.

Vielleicht geht es Ihnen ähnlich. In mir rüttelt diese Aussage eine konkrete Frage wach: »Weiß ich überhaupt, welche Facetten meiner Leidenschaft positive und welche negative Auswirkungen haben?« Hier sieht man die Herausforderung sehr schön, die Thomas beschrieben hat: »Taten müssen zu Resultaten führen, die etwas mit unserem gewünschten Ergebnis zu tun haben.« Mit meiner Leidenschaft könnte ich ohne Probleme den Träumereien Taten folgen lassen.

Ich könnte aus Taten Resultate machen. Aber wenn ich mit meiner Leidenschaft nicht strukturiert plane, sabotiere ich mich selbst. Ich kann noch so viel Leidenschaft an den Tag legen, noch so strukturiert sein und noch so viel Zeit in Taten und Resultate fließen lassen – wenn die destruktiven Seiten meiner Leidenschaft eine zu große Rolle spielen, dann verliere ich mein Ziel nicht nur aus den Augen, sondern laufe in die entgegengesetzte Richtung.

Wie sieht das bei Ihnen aus? Welche Aspekte Ihrer ganz persönlichen Leidenschaft arbeiten konstruktiv und verdienen mehr Beachtung? Und welche spielen Ihnen Resultate vor, führen Sie aber bei genauerem Hinsehen in die Irre? Das wirklich Spannende an dieser Frage ist, dass nur Sie sie beantworten können. Keine Lektüre der Welt könnte Ihnen diese Antwort abnehmen. Man könnte ein Dutzend Menschen mit der gleichen Leidenschaft an einen Tisch setzen und jeder würde diese Fragen nach »pathäma« und »sympatheo« anders beantworten. Wenn Sie mit Ihrer Leidenschaft etwas bewirken wollen, dann sollte diese Frage für Sie eine große Bedeutung haben, unabhängig davon, wie quantitativ oder qualitativ ergiebig Ihre Antworten ausfallen mögen. Macher planen mit der richtigen, der guten Seite ihrer Leidenschaft.

Wenn eine Planung mit Leidenschaft verbunden ist, dann darf sie auch Folgen haben, die dir nicht nur Vorteile bringen.

»Wenn eine Planung mit Leidenschaft verbunden ist, dann darf sie auch Folgen haben, die dir nicht nur Vorteile bringen« – instinktiv wusste ich sofort, was Thomas damit meinte. Dennoch meldete sich eine Stimme in mir, die sagte: »Ganz schön luxuriös, so zu planen. Wie verschwenderisch!« Wahrscheinlich war es die Stimme des BWLers, die mit erhobenem Zeigefinger an die geliebten Begriffe Wirtschaftlichkeit und Effizienz erinnerte. Diese Stimme konnte auch gar nicht anders, als so zu reagieren. Nie hatte ich im Studium an irgendeiner Stelle einen Dozenten sagen hören: »Na ja, wenn Ihr Herz dafür schlägt, dann können Sie ruhig Nachteile in Kauf nehmen. Das passt unterm Strich schon.« Wenn wir alle so denken würden, hätten wir ein volkswirtschaftliches Problem. Das Schöne ist: Macher dürfen so denken. Zumindest solche, die nur sich selbst Rechenschaft schuldig sind.

Selbstständige sind hierfür ein sehr passendes Beispiel. Kein Selbstständiger würde sich nur in Projekte und Verantwortungen investieren, die ihn deprimieren. Das würde genauso wenig funktionieren, wie stets nur das zu tun, was das Herz erfreut. Die Wahrheit liegt in der Mitte. Thomas hat recht. Es passiert in meinem Alltag ebenfalls, dass ich bei einem sonst üblichen Vorteil zurückstecke, einfach weil meine Leidenschaft mir an dieser Stelle wichtiger ist. Vielleicht muss meine Freizeit zugunsten meines leidenschaftlichen Anspruchs an meine Arbeit zurücktreten, der noch keinen Feierabend zulässt. Vielleicht gebe ich bei einer Entscheidung nach, weil mir das große Ganze wichtiger ist als meine persönliche Zufriedenheit. Es kann aber auch der Verzicht auf Kapital sein, wenn ich meinem Gegenüber in einer Angebotsverhandlung entgegenkomme, weil mich das Projekt fasziniert. Und zu guter Letzt habe ich mit meinem Seminarangebot »PASSION MANAGEMENT« selbst lange Zeit in ein Thema investiert, von dem ich wusste, dass ein bestimmter Anteil meines Engagements sich erst einmal nicht auszahlen würde.

Die Schwierigkeit in dieser Situation liegt darin, sich den Nachteil erlauben zu können. In diesem Zusammenhang denken wir häufig an finanzielle und zeitliche Aspekte. Man muss rahmenbedingt in der Lage dazu sein, zunächst einmal auf sonst wichtige Vorteile zu verzichten. Doch sich selbst zu erlauben, zugunsten der Leidenschaft zurückzustecken, kann bei der Planung ein viel wesentlicherer Faktor sein. Auf welchen Auftrag können und wollen wir als Selbstständige denn verzichten? Welche Momente mit Ihrer Familie sind denn so unwichtig, dass Sie sie ohne Weiteres aufgeben würden? Keine. Und das macht diese Form der Planung so herausfordernd.

Etwas, das mir immer wieder auffällt und Ihnen mit Sicherheit ebenfalls nicht entgangen ist, ist die Art und Weise, wie erfolgreiche oder bekannte Menschen über ihre Errungenschaften sprechen. In vielen Fällen sagen sie, dass sie nicht damit gerechnet hätten, dort anzukommen, wo sie heute stehen. Dass sie einfach ihrer Leidenschaft gefolgt sind. Viele Schauspieler und Musiker stecken lange Zeit zurück, führen ein sehr einfaches Leben, bevor sie einen erfolgreichen Durchbruch landen. Sie liefern Pizza aus, wie der erfolgreiche Jim Parsens aus »The Big Bang Theory«. Schlafen auf der Couch von Freunden, wie Arnold Schwarzenegger, oder spielen ihre Lieder fast mittellos auf Straßen und in Kneipen, wie Ed Sheeran. Viele Erfolgreiche stecken in ihren Plänen zugunsten ihrer Leidenschaft zurück. Manchmal erwächst aus Plänen, die die Leidenschaft in den Mittelpunkt rücken, etwas, das alle Erwartungen übertrifft.

Was ist Ihr Plan? Wie planen Sie mit Ihrer Leidenschaft? Wie könnte Ihr Plan von der richtigen Seite Ihrer Leidenschaft profitieren? Könnte Ihre Planung vielleicht ein Update vertragen?

Großdenken erfolgreich umsetzen

»Macher planen größer.«

Paul konnte nicht glauben, was er da gerade gehört hatte. Hatte sein Kollege das gerade tatsächlich gesagt? Am liebsten hätte er ihn beiseitegenommen, geschüttelt und gefragt, warum er in einem so wichtigen Meeting dem Kunden solch verrückte Zusagen machte. Dieser Termin mit den potenziellen Abnehmern ihrer Neuentwicklung war zu wichtig. Viel zu wichtig, um sich anmerken zu lassen, dass das, was Mark gerade versprochen hat, gar nicht geplant, geschweige denn durchdacht war. Dabei war dies schon das zweite Mal, dass Mark spontan versuchte, einen Kunden mit merkwürdigen Ideen für sich zu gewinnen. Paul und Mark konnten nicht ahnen, dass dieses reflexartige »Größerplanen« die Spielzeugindustrie für immer verändern würde.

Anfang der 1980er-Jahre gehörten Paul und Mark zu einer Handvoll kreativer Köpfe, die als Verantwortliche des Spielzeugherstellers Mattel eine neue Spielfiguren-Reihe entwickelten – und das mit Nachdruck.[4] Da der Konkurrent Kenner mit dem Star-Wars-Franchise eine Goldgrube entdeckt hatte und nun den Spielfigurenmarkt für Jungen dominierte, brauchte Mattel ein ähnlich spannendes Produkt. Etwas, das in den Kinderzimmern zu Abenteuer einladen würde. Mattel hat bereits einiges ausprobiert, aber keine der Figuren ließ die Herzen der kleinen Käufer höherschlagen. Die Marketing-Köpfe nahmen sich deshalb Zeit und überdachten ihre Anstrengungen. Sie untersuchten das Spielverhalten von Fünfjährigen und stellten etwas Interessantes fest: Jungen übernehmen beim Spielen gern die Rolle des Verantwortungsträgers und befehlen ihren Figuren sehr häufig, etwas zu tun. Sie haben die Macht und bestimmen, wie das Spiel läuft. Mit dieser Erkenntnis vor Augen dauerte es nicht lange, bis eine neue Figur Gestalt annahm. Muskulös sollte sie sein, und bereits schon körperlich Macht ausstrahlen. Doch damit nicht genug. Durch das Heben eines Schwertes und das Aussprechen der Worte »Ich habe die Macht« sollte sie übermenschliche Kräfte bekommen. He-Man war geboren. Die Spielzeugmacher wussten: Sie waren da an etwas ganz Großem dran. Größer zu planen als üblich, lohnt sich. Das galt auch in Bezug auf das Fortbewegungsmittel der Figur, das noch fehlte. Dabei konnten sie sich eine Konzeption dafür kaum noch leisten, geschweige denn Geld in die teuren Gussformen investieren. Aus der Not heraus erinnerte sich Paul an die Gussform für einen Tiger, den sie bereits in einer anderen Spielzeugreihe produzierten. Nur die Farbe wurde verändert, um ihn außerirdischer wirken zu lassen. »Im Vergleich zur Figur ist der Tiger aber so groß wie ein Pferd«, merkte ein Kollege an. Paul entgegnete: »Wenn der Tiger so groß ist wie ein Pferd, dann setz doch einen Sattel drauf.« Einfach größer zu planen, schien zu funktionieren, denn das Ergebnis war großartig.

Bald darauf trafen sich Paul und Mark mit dem zweitgrößten Spielzeughändler der USA, »Child World«, und stellten das erste Mal ihren He-Man vor. Das Interesse schien groß, doch dann fragte der Spielzeughändler plötzlich: »Star Wars hat einen Film, der die Geschichte der Figuren erzählt. Was hat He-Man?« Mark ließ sich davon nicht irritieren, sondern antwortete spontan: »He-Man hat einen Comic, der bei jeder Figur kostenlos dabei ist.« So groß zu planen, war für Paul etwas ungewohnt, aber Marks Antwort verwandelte die Skepsis des Kunden in Interesse. Die Idee fand Anklang und die Vision von He-Man rückte in greifbare Nähe. Die Arbeiten am Comic begannen und die Euphorie über diesen genialen Einfall hielt an.

Schließlich wurde He-Man mit seinem Comic den Einkäufern von Toys »R« Us, Mattels größtem Kunden, präsentiert. Die Stimmung war optimistisch – bis einer der Herren die Verpackung umdrehte und irritiert in die Runde fragte: »Hier steht, dass die Figuren für Kinder ab fünf Jahren gedacht sind. Die können noch lange nicht lesen. Was soll der Comic?« Damit hatten die beiden nicht gerechnet. Und während Paul noch fieberhaft überlegte, improvisier-

»Was immer der menschliche Geist sich vorstellen und woran immer er glauben kann, das kann er auch vollbringen.«

te Mark bereits eine Antwort, die Paul sprachlos machte und das Meeting rettete: »Oh, hatte ich nicht die zwei einstündigen Fernsehfolgen erwähnt?«

Im Rückblick war dieses spontane Größerplanen nicht nur wegweisend für den Erfolg der Action-Figur »He-Man«, sondern auch für alle weiteren Spielfiguren. Mattel beauftragte eine Produktionsfirma für eine ganze Serienstaffel und übertraf die geplanten 13 Millionen Umsatz im ersten Jahr mit erstaunlichen 38 Millionen. Größer zu planen, hatte funktioniert. Heute gibt es kaum noch Spielzeugfiguren, die nicht ihre eigene Serie haben beziehungsweise keine Serie, die nicht eigene Figuren in der Spielwarenabteilung hat.

Mattel hat mit dem »Größerplanen« nicht nur einen lukrativen Umsatzzweig geschaffen, sondern vielen Kindern einen starken Spielzeughelden zur Seite gestellt. Ich war einer der Jungs im Vorschulalter, die auf dem Boden liegend mit der Figur in der Hand riefen: »Ich habe die Maaacht.« Mein He-Man war toll. Er nahm mir zum Beispiel die Angst vor einer OP, indem er nach der Narkose am Krankenbett auf mich wartete. All das war nur möglich, weil ein paar mutige Köpfe sich getraut hatten, wortwörtlich größer zu denken und zu planen als andere und als sie es selbst zuvor getan hatten. Der größere Plan ging zwar auf, doch der Weg war nicht einfach, die Entwickler stießen mit ihren Planungen oft auf

Verwunderung. Wer größer plant, tut etwas, das andere in dieser Form noch nicht getan haben, sei es aus gut bedachten Gründen oder weil sie in dieser Planung keinen Sinn sehen. Und das verunsichert. Interessanterweise verunsichert es beide Seiten. Es bringt den außenstehenden Skeptiker ins Zweifeln, ob seine vorherige Einschätzung richtig war. Bewusst oder unbewusst bringt er seine Vorbehalte zum Ausdruck und redet sich dadurch selbst gut zu. Und natürlich verunsichert genau das den euphorischen Visionär.

Unser Mut und unsere Überzeugung sind zu Beginn der Reise immer eine sehr fragile Fracht.

Wären Paul, Mark und ihre Kollegen auf die verdutzten Gesichter der anderen eingegangen und hätten sich von den Skeptikern zügeln lassen, dann gäbe es jetzt keinen He-Man, viele Millionen Euro weniger Umsatz und weniger glückliche Kindheitserinnerungen. Mit den Rückmeldungen von Außenstehenden richtig umzugehen, ist entscheidend. Man sagt nicht umsonst, dass man sich mit Menschen umgeben soll, die trotz ehrlicher Feedbacks ermutigen und die eigenen Bedenken oder Begrenzungen nicht auf andere projizieren. Größer zu planen, ist eigentlich gar nicht so schwer.

Von Napoleon Hill stammt das Zitat: »Was immer der menschliche Geist sich vorstellen und woran immer er glauben kann, das kann er auch vollbringen.« Umgekehrt heißt das auch: Was man sich nicht vorstellen kann, kann man nicht erreichen. Sportler sind ein gutes Beispiel dafür. Wer das erste Mal für einen Marathon trainiert, kann es sich offensichtlich vorstellen, dieses Ziel zu erreichen und die vorgegebenen 42,195 Kilometer zu laufen. Weil er sich das vorstellen kann, erkennt er, welche Defizite noch vorhanden sind, und beginnt, zielorientiert dafür zu trainieren. Etwas tief in ihm gibt ihm das Gefühl, genau diese Herausforderung meistern zu können, wenn er nur genug trainiert, sich seine Ziele etwas weiter steckt und es einfach wagt. Etwas in mir würde dagegen sagen: »Mach dir nix vor! Geh lieber was essen.«

Pauls und Marks Vorstellungskraft für ihren He-Man war groß. Sie waren kreative Querdenker in einer Spielzeugwelt, die der Fantasie keine Grenzen setzt. In dieser komfortablen Situation ist nicht jeder. Die eigene Vorstellungsgabe zu fordern, ist daher eine ganz wichtige Aufgabe, die in vielen Unternehmen zu häufig den Kunden überlassen wird. Nicht selten höre ich Sätze wie: »Unsere Kunden würden sich eher das wünschen« oder »Unsere Kunden haben gesagt, dass sie … besser finden«. Und daran ist erst einmal nichts falsch. Marketing lebt vom fragenden Blick auf den Kunden, aber dabei werden oft zwei Dinge miteinander verwechselt: die Meinung des Kunden und seine Vorstellungskraft. Die Frage, welches von zwei oder drei Produkten einem Kunden besser gefällt, ist etwas ganz anderes, als zu fragen, wie ein Produkt aus Sicht des Kunden aussehen sollte. Der Automobilpionier Henry Ford meinte: »Wenn ich die Menschen gefragt hätte, was sie wollen, hätten sie gesagt: schnellere Pferde.« Wir wissen häufig gar nicht, was wir wollen oder was

»Wenn ich die Menschen einfach nur gefragt hätte, was sie wollen, hätten sie gesagt eine Kutsche mit mehr Pferden.«

wir gut finden, bis man es uns zeigt. Aber zeigen kann man nur, was man sich vorstellen kann. Wie sollte man etwas erklären, das man selbst nicht vor Augen hat? Wenn Sie mit Ihrem Engagement und Ihrer Leidenschaft etwas bewegen, dann weil Sie es sich vorstellen können.

Ich lasse mich gern von anderen inspirieren, die sich Dinge vorstellen können, an die ich nicht einmal denken würde. Dabei muss es gar nicht um grandiose Produktideen gehen oder technische Innovationen. Am spannendsten finde ich es, wenn man der eigenen Leidenschaft, mag sie auch noch so verrückt sein, freien Lauf lässt und dadurch weiter kommt als durch all die herkömmlichen Wege, die andere wählen.

Wie Daniele zum Beispiel. Daniele Rizzo und ich haben zur gleichen Zeit Abitur auf verschiedenen Schulen gemacht und hatten teilweise den gleichen Freundeskreis, wie wir Jahre später festgestellt haben. Daniele Rizzo ist unter anderem Schauspieler, Synchronsprecher und Moderator. Was mich in erster Linie an ihm fasziniert, sind sein mutiger Humor und seine Art, größer zu planen und sich dabei etwas zu trauen, vor dem andere zurückschrecken würden. Daniele interviewt Hollywood-Stars zu ihren Filmneuheiten, aber nicht so, wie die anderen es tun, sondern verkleidet, in einer Rolle, die auch den prominentesten und Respekt einflößendsten Schauspieler aus der Reserve lockt und zum Lachen bringt. Grund genug, mich mit Daniele einmal ausführlich auf einen Kaffee zu treffen und ihn zu seiner verrückten Arbeit zu interviewen – allerdings ohne Verkleidung.

DANIELE RIZZO
SCHAUSPIELER, MODERATOR

Wie bist du dazu gekommen, Interviews in Verkleidung durchzuführen? War das schon immer dein Traum?

Daniele Rizzo: Nicht direkt, das passierte über Umwege. Ich war schon immer ein Superhelden-Fan und wollte damals unbedingt zu der Premiere von »Spider-Man 3«. Zu der Zeit fing ich gerade bei Clipfish von RTL Interactive an, machte lustige Straßenaktionen und Umfragen und fragte dort einen Kollegen, ob er jemanden in Berlin kenne, bei dem ich zur Premiere übernachten könnte. Er stellte den Kontakt zu jemandem her, der zu der Zeit mitverantwortlich für die Premiere war und nicht nur eine Übernachtung und Karten klarmachte, sondern uns als Clipfish auch auf den roten Teppich einlud. Und da ging das Abenteuer dann los. Wir standen dort kurioserweise mit einer total einfachen Kamera, damals noch mit einer Kassette drin, genau zwischen VIVA und Sky, damals noch Premiere, und hatten vor, die Stars für unser Format zu interviewen.

Das war bestimmt total aufregend und auch etwas abgedreht, wo du eigentlich nur den Film sehen wolltest, oder?

Daniele Rizzo: Ja, total. Ich war zuvor noch nie am roten Teppich gewesen und kannte die Regeln nicht, sprich: Mich kannte auch keine Sau. Ich war aber in der glücklichen Situation, dass wir zwischen VIVA und Premiere standen und die Stars deshalb an unserer Kamera vorbeimussten. Weil ich ein Spider-Man-T-Shirt anhatte, tat ich einfach so, als ob ich der echte Spider-Man wäre, der die Kohle von Tobey Maguire will. Die Stars sprachen erst mit den anderen rechts oder links neben uns und sahen dann mich. Mit dem Satz »Nice Shirt« kamen wir direkt und ungeplant ins Gespräch, mein Mikro war sofort gezückt und die Kamera lief. Mit meiner offenen Art und einer wirklich kompletten Naivität hat das gut funktioniert.

Sicher hätten dir viele, die von deinem Vorhaben im Vorfeld gehört hätten, gesagt: »Vergiss es.«

Daniele Rizzo: Ja, das kennst du wahrscheinlich auch. Es gibt ganz viele Leute, die sagen: Es geht nicht. Und dann kommt einer, der das nicht weiß, und macht das. Damals war mein Ziel einfach nur, »Spider-Man 3« zu sehen. Und es ist krass, was daraus alles entstanden ist – auch, dass wir beide jetzt hier sitzen. Alles nur wegen diesem Video, das wir damals am roten Teppich ganz naiv gedreht und dann hochgeladen haben. Letztlich war es so, dass unser Video in ganz kurzer Zeit 70 000 Aufrufe hatte, ein Hundertfaches von dem, was alle anderen Videos über die Premiere einbrachten. Und so fragte man dann: Wer ist dieser Typ? Wer ist dieser Bekloppte? Und da danke ich Fox, Sony, Disney und anderen, die gesagt haben: Was du machst, ist total unüblich, wir probieren das mal. Ohne die wäre ich nie an ein Interview gekommen.

Und wie kam es dazu, dass du dich so richtig verkleidet hast und anfingst, für Interviews in Rollen zu schlüpfen?

Daniele Rizzo: Das passierte bei meinem zweiten Interview, damals mit Adam Sandler zu dem Film »Leg dich nicht mit Zohan an«. Ich habe mich gefragt, was ich mit ihm machen soll. Was soll ich den fragen? Er war schon damals ein absoluter Superstar. Und da kam das erste Mal der Gedanke: »Ich bin doch Schauspieler – was ist eigentlich mein Ziel?« Durch Zufall hatte ich zu der Zeit eine ähnliche Frisur wie er in dem Film. Ich spielte in Marcel Reich-Ranickis Film Biografie den Schulfreund von Matthias Schweighöfer. Deshalb wurde aus meiner Lockenpracht eine 40er-Jahre-Frisur, ähnlich wie Adam Sandlers Frisur im Film. Und die Story ist ja, dass er nach New York kommt und Friseur werden will. Also dachte ich, ich bin einfach die deutsche Version von ihm und werde mir von ihm jetzt Tipps holen. Das war das erste Mal, dass ich verkleidet war, damals noch mit einem einfachen Hawaii-Hemd. Nach Adam Sandler kamen dann viele andere und ich konnte immer sagen: Ich mach das Interview so wie mit Adam Sandler.

Hast du dir vorab Sorgen gemacht, dass es nach hinten losgehen könnte? Dass Adam Sandler dich rausschmeißt?

Daniele Rizzo: Du musst halt gucken, wie weit du gehen darfst. Aber nein, Sorge hatte ich nicht. Das war wohl meiner Naivität geschuldet, dass ich dachte, der Typ ist so lustig, der ist bestimmt im echten Leben auch so. Zu einem Interview wurde es mir untersagt, kostümiert zu kommen, also zog ich noch etwas Normales drüber. Dann kam Jamie Foxx rein und fragte: »Dude, where's your costume?« Also zog ich mich kurz um und machte dann doch die Impro mit ihm. So einige sind überrascht, was alles geht oder was die Stars wollen, und sind dann ganz klein mit Hut. Nachdem ich das fünf Jahre lang gemacht hatte, traf ich bei einer Premiere eine alteingesessene italienische Hollywood-Reporterin, die zu mir sagte: »Die schmeißen dich raus.« Ich kam dennoch verkleidet und alle lachten. Ich bin auch so ein Mensch wie du, der auf die Umgebung achtet und nach Meinungen fragt, aber am Ende bist du ja dafür verantwortlich. Am Ende darfst du nicht in die Situation geraten, dass du sagen musst: »Hätte ich mal nicht auf Basti gehört, hätte ich mal nicht auf meine Eltern gehört.« Es gibt kein Geheimrezept. Man muss es einfach ausprobieren. Ich glaube, manchmal ist es besser, einfach zu machen. Du verschwendest zu viel Energie, wenn du dein Vorhaben anderen erst verständlich machen musst.

Das bedeutet, du hast Interview-Jobs mit deiner Schauspielbegabung und deinem Humor verbunden. Größer denken heißt also nicht, einfach nur irgendetwas zu tun und damit zu übertreiben. Man muss wirklich in sich selbst hineinhorchen.

Daniele Rizzo: Genau. Du musst gucken, was du kannst und worin du gut bist, und das dann maximieren. Das schönste Kompliment, das ich bisher von einem Videokollegen bekommen habe, lautet: »Bei uns haben wir ein Motto, und zwar: Was würde Daniele Rizzo tun?« Dieses verrückte Denken oder Größerdenken, wie du sagst, funktioniert. Die Amerikaner lieben das. Die denken, ich bin Thomas Gottschalk oder Stefan Raab, also der Jimmy Kimmel aus Deutschland. Du musst dir vorstellen, die Stars sitzen in Berlin und geben vierzig Interviews, danach fliegen sie nach London und geben fünfzig Interviews. Und dann heißt es: »Wir haben da noch eine Überraschung für dich.« Ich finde das großartig. Bei mir freuen sie sich einfach, dass sie mal fünf Minuten Pause von den immer gleichen Fragen und Antworten haben. Und das macht mir total Spaß, weil da auch so viel von mir drinsteckt. Meine kleine eigene Bonus-Filmszene mit einem Hollywood Star.

Würdest du diese Interviews wohl heute immer noch machen, wenn du es damals nicht gewagt hättest, dich zu verkleiden?

Daniele Rizzo: (überlegt) Also ich würde das nicht machen, einfach um die Leute zu treffen. Wären die Interviews immer gleich geblieben, hätte ich vermutlich damit aufgehört. Natürlich hätte ich mich gefreut, mal neben Will Smith zu sitzen. Aber wenn die Interviews nichts Besonderes gewesen wären, hätte ich das wahrscheinlich nicht so lange durchgehalten.

Du bist sehr leidenschaftlich, das sieht man. Aber bist du auch strukturiert?

Daniele Rizzo: Einen strukturierten Daniele Rizzo gibt es nicht (lacht). Also, was die Leute nicht sehen, ist, dass ich mir hinter der Kamera beziehungsweise schon vorher Gedanken mache, wie so ein Interview ablaufen könnte, fast wie ein Fragebaum. Wenn ich Will Smith zum Beispiel eine Socke schenke, überlege ich: Was kann danach passieren? Es ist alles improvisiert, aber ich weiß immer, wenn es nach links geht, habe ich eine Idee, und wenn es nach rechts geht, auch. Da ist die Struktur schon wichtig. Aber wenn ich durch die Tür gehe, kommt die Leidenschaft und ich muss mich frei machen von Struktur. Vielleicht hole ich die Socke gar nicht raus, wenn es sich anders ergibt, und muss ganz anders reagieren als gedacht. Oder ich habe einen Song vorbereitet, den wir am Ende dann doch nicht singen. Wie mit Kevin James zum Beispiel, der Hauptdarsteller von King of Queens, der anfing, mit mir im Wechsel immer ein Wort zu sagen und daraus Sätze zu bilden. Da machst du dann auch einfach mit und lässt deine Pläne in der Tasche. Größer zu planen oder eine Situation, die über sich hinauswächst, das passiert manchmal einfach von allein. Die Amis würden dazu sagen »Just go with it!«.

Vielen Dank für das freundliche Gespräch!

Die Zeit mit Daniele war wie ein Treffen zwei alter Kumpels gewesen – ehrlich, lustig und inspirierend. Ein Gedanke konnte für mich nicht warten, daher notierte ich ihn gleich auf dem Whiteboard: Größer planen passiert manchmal einfach so – auch wenn man sich das große Ganze nicht von Beginn an vorstellen kann. Größer planen kann eben auch bedeuten, sich Schritt für Schritt auszuprobieren und mit den Versuchen zu wachsen. Dieser Gedanke ist mir sehr wichtig. Schließlich sieht unser Alltag nicht immer so fantastisch aus wie der der beiden Mattel-Entwickler Paul und Mark. Nicht jeder kann sich kreativ auf solch einem Niveau austoben und seine Pläne ohne Weiteres auch mal größer zeichnen. Vielleicht sind Sie vom Typ her eher jemand, der sich das »Größerplanen« nicht so recht zutraut oder glaubt, dass andere es eh besser könnten, und der deshalb gar nicht erst anfängt. Aber Macher planen nicht immer nur größer, weil sie sich eine komplexe Vision konkret vorstellen und darauf zueifern können. Macher kommen voran, weil sie sich in den kleinen, den entscheidenden Situationen trauen, ihre Grenzen minimal zu erweitern, sich auszuprobieren. Auch das gehört dazu. Manchmal werden unser Herz und unsere Leidenschaft von Zielen und Träumen gezogen, die wir nicht so einfach und konkret in Worte fassen oder in Bilder pressen können – und denen wir uns manchmal gar nicht wirklich bewusst sind.

Daniele ist ein gutes Beispiel dafür, denn ihm war nicht von Beginn an klar, dass er irgendwann mit Will Smith, Johnny Depp & Co. zusammensitzen und mit ihnen rumalbern würde und dafür noch respektiert und bezahlt werden würde. Er hat sich diese konkrete Vorstellung nicht zum Ziel gesetzt. Aber was hat er dann gemacht? Vielleicht gibt es kein Rezept für Erfolg, doch es gibt Zutaten, die das Größerplanen etwas leichter machen. Daniele hat sie genutzt.

Zu Beginn vielleicht unbewusst, aber diese Zutaten waren für ihn entscheidend. Ich spreche von dem Moment, in dem er sich in seiner Aufgabe als Interviewer daran erinnerte, dass er eigentlich Schauspieler ist und sein Steckenpferd der Humor. Daniele hätte in diesem Moment den Hut an den Nagel hängen und sich der filmorientierten Schauspielerei widmen können. Stattdessen hat er all diese Zutaten miteinander kombiniert und den Job des Interviewers für sich neu definiert. Selbst das Verkleiden, das ihm als Kind schon viel Spaß gemacht hat, konnte er nutzen. Er hat in sich hineingehört und sich gefragt, was seine Leidenschaft eigentlich ist. Und das Ergebnis seiner Rezeptur war etwas Besonderes. Das hört sich erstrebenswert an, ist es oftmals auch. Aber es erfordert auch Mut. In Danieles Fall entstand das besondere Ergebnis nicht durch das Stellen von möglichst akkuraten Fragen, die schon hundert andere vor ihm formuliert hatten. Er löste die an ihn gestellte Aufgabe nicht so, wie andere es von ihm erwarteten. Wie auch – andere hätten sich das, was er kreiert hat, gar nicht vorstellen können oder zugetraut. Daniele tat etwas total Unübliches. Etwas, von dem die einen sagten, er würde mit dieser Idee rausgeschmissen werden, und weswegen ihn andere, und zwar die entscheidenden Köpfe, engagierten.

Manchmal geht es eben darum, bei einer konkreten Aufgabe auf seine Stärken zu gucken, selbst wenn sie erst mal artfremd scheinen. Wenn Sie das nächste Mal Ihre Aufgabe vor sich sehen und sich fragen, wie Sie Ihr Engagement darin besser entfalten können, dann fragen Sie sich doch einfach mal: »Was würde Daniele Rizzo tun?« Ich habe letztens mit einer jungen Frau gesprochen, die von sich sagte, sie wäre kein Macher und könne sich gar nicht vorstellen, tatsächlich groß zu planen und zu denken. Sie würde es sich nicht trauen. Als ich nach dem Grund fragte, antwortete sie nach einigem Überlegen, dass viele das, was sie macht, vermutlich besser könnten. Das bringt sie zu dem Gedanken, besser gar nicht erst mit »größeren Plänen« anzufangen. Ich verstand ihr Argument und doch war ich etwas überrascht, es in der Form von ihr zu hören. Sie ist in meinen Augen eine begnadete Nähkünstlerin. Sie kreiert mit viel Ästhetik Nähprodukte, die ich professionell und sehr geschmackvoll finde. Vor wenigen Jahren wusste sie nicht einmal, wie man eine Nähmaschine bedient. Warum also wollte sie nicht größer planen? Ich ließ nicht locker und bohrte weiter: »Du hast dir doch irgendwann gesagt, dass du keine einfachen Kissen mehr nähen möchtest, sondern aufwendige und hochwertige Babydecken. Du hast nach einer Anleitung dafür gesucht, weil du es dir vorstellen konntest, mal etwas Größeres zu probieren. Du hast dich auf den Weg gemacht und es geschafft. Also hast du an irgendeinem Punkt größer gedacht und geplant, als dir bewusst ist, oder?« Nach einer Weile nickte sie schmunzelnd und antwortete: »Wahrscheinlich bin ich ehrgeiziger, als ich glaube.«

Ich glaube gar nicht daran, dass ein Macher Herausforderungen immer suchen und umschwärmen muss wie eine Mücke das Licht.

Ich bin sicher, dass viele in Wirklichkeit ehrgeiziger sind, als sie glauben. Dass der Großteil von uns dazu tendiert, große Aufgaben erst einmal skeptisch zu betrachten, und sie nicht begrüßt wie ein Geschenk. Das ist nicht schlimm. Im Gegenteil. Ich glaube gar nicht, dass ein Macher Herausforderungen immer suchen und umschwärmen muss wie eine Mücke das Licht.

Ein Macher traut sich einfach in den kleinen Momenten, mehr von sich und seinen Möglichkeiten zu erwarten als sonst oder als andere. Das können ganz einfache und unspektakuläre Situationen sein.

Ein Beispiel, das mir dazu in den Sinn kommt, ist augenscheinlich simpel, es hat jedoch innerlich viel in mir bewegt. Ich erinnere mich noch daran, wie ich auf einer WG-Party als Student von anderen beratschlagt wurde: »So etwas kannst du doch nicht machen«, »Das ist doch viel zu aufdringlich«, »Der hat doch keine Zeit für dich«, »Warum sollte er so etwas tun?«, waren in etwa die Worte, die freundschaftlich und umsorgend auf mich einrieselten. Dabei empfand ich mein Vorhaben oder das, was ich getan habe, als gar nicht so dramatisch, auch wenn es mich etwas Mut gekostet hatte. Zu dieser Zeit hatte ich gerade ein Praktikum bei HUGO BOSS begonnen und war zunächst damit betraut worden, Stoffmuster neu zu archivieren. Das gehörte dazu, aber begeistert hat mich das natürlich nicht. Zu den Studenten bei HUGO BOSS zählten neben den Praktikanten die Diplomanden. Und da wollte ich hin. Ich wollte meine Diplomarbeit hier schreiben – inmitten dieser tollen Atmosphäre und spannenden wissenschaftlichen Themen. Eine Themenidee hatte ich bereits. Also formulierte ich sie auf einem zweiseitigen Paper und machte das, was meine Studienkollegen auf der WG-Party irritierte: Ich schickte dem Managing Director eine Terminanfrage, um mein Diplom-Vorhaben vorzustellen. Im Nachhinein muss ich über mich selbst schmunzeln. Bei der Party damals saß ich auf der Couch, sah aus dem Fenster und dachte mir nach all den Ratschlägen: »Okay, Bastian, das war jetzt vielleicht tatsächlich etwas anmaßend.« Aber es funktionierte. Der Managing Director lud mich ein, hörte sich meinen Vorschlag an, prüfte ihn und gab mir sein Okay. Mehr noch: Er begleitete mich in meiner Diplomarbeit und schenkte meiner wirklich sehr groß geplanten Idee sein Vertrauen. Rückblickend geht es mir so wie Daniele auf dem roten Teppich: Ich war damals neu in solch einer großen Unternehmenswelt und hatte keine Ahnung von den Regeln, nach denen alle spielten oder glaubten spielen zu müssen.

Der Grund, warum Menschen um einen herum manchmal nicht größer planen, ist wohl der, dass es oftmals keine Ursache dafür gibt. Es gibt selten Anreize, mehr zu erwarten als das, was den Alltag im Grunde funktionieren lässt. »Never change a running system«, heißt es. »Warum sollte ich eine andere Position in meinem Job anstreben, wenn ich doch gar nicht weiß, ob ich damit glücklich wäre? Warum sollten wir ein Haus kaufen, wenn wir nicht wissen, wie unsere finanzielle Situation in zehn Jahren aussehen wird? Warum sollte ich meinem Chef eine verrückte Idee vorschlagen, wenn ich nicht weiß, ob er mir dann noch etwas zutraut? Es ist doch alles gut so, wie es ist.« Allerdings reicht das »Gut« manchmal nicht aus. Denn wenn Sie Ihrer Leidenschaft Raum geben und erleben, wohin sie Sie führen kann, dann werden Sie feststellen, dass Ihr Engagement besser sein kann als einfach nur »gut«. Wer genau das für sich erlebt – dass er besser sein kann als einfach nur gut – der erfährt eine Motivation, die ihn wie auf Flügeln trägt und ihm neue Perspektiven zeigt. Neue Perspektiven in Bezug auf die Herausforderungen und in Bezug auf den eigenen Beitrag, der diesen Herausforderungen begegnet. Wer sich auf die Suche nach seinen »Zutaten« macht, die genau wie bei Daniele etwas Besonderes hervorbringen, der muss sich nicht nur trauen, er muss auch ehrlich zu sich sein. In Zeiten, in denen wir am einfachsten durch Gleichförmigkeit und das »Passen in vorgefertigte Rahmen« ans Ziel kommen, ist es nicht immer leicht, die eigene Identität für sich zu umreißen. Wer bin ich eigentlich wirklich? Was macht mich aus? Wir alle sind mehr als nur Unternehmer oder Schauspieler. Zu wissen, wer wir eigentlich wirklich sind, legt den Blick frei auf das, was uns besonders macht, auf die Zutaten, die unser Größerplanen zu einem besonderen Ergebnis führen.

Ich weiß nicht, wie es Ihnen geht, wie Sie persönlich mit Ihren Planungen umgehen. Vielleicht haben Sie als alter Hase so mancher Aussage in diesem Kapitel innerlich zugestimmt und fühlen sich in Ihrem Mut bestätigt. Vielleicht ist das Größerplanen für Sie auch ein Buch mit sieben Siegeln. Dann möchte ich Sie dazu ermutigen, sich jemanden, dem Sie vertrauen, an die Seite zu holen und konkret zu fragen: »Glaubst du, dass ich manchmal etwas größer denke als üblich, mich etwas traue und damit Erfolg habe?« Vertrauen Sie mir, Sie werden von der Antwort überrascht sein, denn sie wird größer ausfallen, als Sie denken.

Selbst, ständig und frei

»Macher arbeiten für drei.«

»Hallo, mein Name ist Bastian Kästner. Ich bin selbstständiger Unternehmensberater und meine Vision hat sich nicht so entwickelt, wie ich es geplant habe.« Im Raum war es sehr ruhig, als die Vorstellungsrunde der rund 20 Teilnehmer meinen

Platz erreichte. Ich war Vorletzter. Ich hatte die Teilnehmer zu Beginn abgezählt, um grob zu wissen, wann ich mit meiner Vorstellung an der Reihe war. Spätestens nach Person Nummer 5 wurde mir klar: Mit einer einfachen, kurzen Vorstellung würde ich aus der Nummer nicht rauskommen. Ich ertappte mich dabei, wie ich mir diverse Kurzbiografien vor Augen rief, die ich in letzter Zeit für Verlage und Veranstalter geschrieben hatte. Doch nach der emotionalen und wirklich sehr sympathischen Vorstellung von Person Nummer 11 war mir klar, dass mir die perfekt reduzierten und auf Hochglanz polierten Sätze der Biografien hier nicht helfen würden. Oberflächliches Glänzen ist eh nicht meins. Ich schaute in die Runde beziehungsweise auf die Sitzordnung an den Tischen. Wie viele waren noch vor mir dran, bevor ich wissen musste, was ich sagen wollte? Fünf, wenn der Bogen nach Nummer 13 rechts herumging.

Ich bin selten auf solchen Abendveranstaltungen. Für mich waren Netzwerktreffen bisher verdeckte Akquise-Veranstaltungen und ich preise mich nicht gern an. Trotzdem war ich der Einladung eines Freundes zu diesem Abend »für Gründer und solche, die es werden wollen«, gefolgt. Christian meinte, dass ich thematisch zwar nicht mehr ganz hineinpassen würde, aber dass das nicht schlimm sei. War es auch nicht.

Der Bogen ging rechts herum. Inzwischen waren noch zwei Personen vor mir. Mir wurde bewusst, dass ich nach fünf Jahren Selbstständigkeit in der Beschreibung meiner Tätigkeit dieses »Verliebtsein« gar nicht so zum Ausdruck bringen konnte wie manch anderer vor mir, der frisch dabei war. Natürlich liebe ich, was ich tue. Das meiste davon jedenfalls. Aber ich wollte am Ende der euphorischen Statements die Runde nicht als Spielverderber beenden. Als langweiliger Realist, der das Gras auf der anderen Seite schon platt gelegen hat. Ich wollte dem begeisterten Glühen in den Augen der anderen zumindest etwas Positives anschließen. Die Dame vor mir war fertig. Es war immer noch ruhig. Ich war dran. »Ach was soll's«, dachte ich und erzählte in knappen Sätzen, wer ich bin, was ich tue und wie sich mein beruflicher Werdegang entwickelt hat, nämlich nicht so, wie ich es vorher geplant hatte. Dass ich nicht, wie gedacht, nach fünf Jahren Selbstständigkeit junge Menschen ausbilde, keinen Stamm von fest angestellten Mitarbeitern unterhalte und dennoch sehr dankbar und glücklich damit bin. Ich habe gelernt, meine Planungen anzupassen. Ich erzählte, dass mich diese Entwicklung überrascht hat und die Selbstständigkeit letztlich doch immer anders aussieht, als man es sich vorstellt oder plant.

Das offene Statement tat der raumerfüllenden Euphorie keinen Abbruch. Im Gegenteil. Es gab den anderen Grund, noch einmal nachzuhaken. Vor allem eine Frage wurde ein überraschenderweise abendfüllendes Thema für mich: »Du bist seit fünf Jahren selbstständig ohne fest angestellte Mitarbeiter. Wie schaffst du das?« Es erschien den anderen ungewöhnlich, dass jemand mehrere Jahre erfolgreich als »Marketing-Schnellboot« tätig sein konnte, mit eigenen Räumlichkeiten und spannenden Kunden und dennoch keine fest angestellten Mitarbeiter beschäftigte. Für mich waren die Fragen der anderen nachvollziehbar. Der Gedanke, dass ein Unternehmen hauptsächlich durch gut ausgebildete Mitarbeiter funktioniert, ist sehr naheliegend für jemanden, der aus einem Angestelltenverhältnis kommt. Und natürlich gibt einem dieses Bild auch ganz viel Sicherheit. Schließlich lastet der Erfolg des Unternehmens auf den Schultern vieler. Sich vorzustellen, dass ein Unternehmen nur durch einen selbst funktioniert oder funktionieren muss, fühlt sich schon ganz anders an.

Es war schon recht spät, als ich auf dem Weg zum Auto meine E-Mails checkte, eine beantwortete und mir einen Termin für den nächsten Tag in meinen Kalender eintrug. Der Rückweg über dunkle Landstraßen war eintönig. Ich dachte über die Fragen der anderen Teilnehmer nach. So intensiv, dass ich plötzlich selbst etwas irritiert über mein Arbeitspensum war. »Ist das tatsächlich normal, dass ich auf viele E-Mails selbst antworte und meinen Kalender selbst pflege? Dass ich oft Tätigkeiten übernehme, die ich auch abgeben könnte?« Meine Gedanken kreisten umher. Vor allem um Unternehmer, die ich persönlich kenne. Wie machen die das? Arbeiten die weniger? Mir kamen Freelancer in den Sinn, die große Themen bewegen, und die Machertypen, von denen dieses Buch erzählt. Ich setzte mich entspannter hin, machte Musik an und dachte »Ja. Macher arbeiten für drei.«

Macher machen. Und das müssen sie auch. Vor allem müssen sie es wollen.

Ich weiß nicht, wie häufig ich den Spruch schon gehört habe: »Selbstständige arbeiten selbst und ständig.« Die Reputation eines Selbstständigen ist nun mal die eines Workaholics. Allerdings passt dieses Bild auf fast jeden, der sich für eine Sache mit Leidenschaft engagiert. Macher kümmern sich um vieles und denken permanent über Themen nach, die ein Angestellter voller Gleichgültigkeit im Büro lassen darf. Ich kann es nachvollziehen, wenn Menschen glauben, dass eine Unternehmung erst dann erfolgreich ist, wenn man dem »selbst und ständig« entfliehen kann und andere arbeiten lässt. Vielleicht sogar, während man selbst am eigenen Pool seinen morgendlichen Smoothie genießt. Ich kenne Unternehmer, die weit mehr als einen Mitarbeiter beschäftigen und mehr als nur eine Badewanne zum Entspannen haben. Und dennoch arbeiten sie für drei.

Schließlich ist es die Leidenschaft für das eigene Thema, die einen ursprünglich gefangen genommen hat und auch nicht einfach loslässt, erst recht nicht, wenn die eigene Existenz daran hängt. Kein Macher, der leidenschaftlich etwas aufbaut, würde bei der ersten Gelegenheit Arbeit abgeben, wenn es nicht zwingend und unbedingt sein muss. Macher machen. Und das müssen sie auch. Vor allem müssen sie es wollen. »Mit der Hand am Arm«, sagte der Unternehmer Jochen Schweizer in der TV-Show »Die Höhle der Löwen« häufig, wenn er unterstreichen wollte, wie wichtig das eigene Dazutun und der eigene Schweiß sind, um Erfolg zu haben. Wer viel Herzblut, Zeit und Geld in eine Unternehmung steckt, der möchte gestalten, nicht verwalten. Der Wunsch des Gestaltens mag auch einer der Gründe sein, warum Inhaber, die ein Unternehmen über Jahrzehnte aufgebaut haben, dem Trubel nach ihrem altersbedingten Austritt aus der Geschäftsleitung nicht einfach fernbleiben können. Ich glaube, dass es dabei nur augenscheinlich darum geht, dass man die Kontrolle nicht abgeben kann oder will. In Wirklichkeit möchte man einfach etwas nicht missen, das einen sein Leben lang begleitet hat. Das Gestalten. Je mehr ich im Auto darüber nachdachte, desto klarer wurde mir, dass auch meine Gründe, die Hand am Arm zu behalten, einfacher und allgemeingültiger sind, als ich zuvor gedacht hatte – und auch überschaubar. Warum erfolgreiche Macher mehr arbeiten als andere und das mit Leidenschaft tun, hat meiner Erfahrung nach eine von drei Ursachen.

1. »Das kann nur ich machen.«

Verantwortung abzugeben, ist nicht leicht. Delegieren muss man lernen. Auch, dass man manches nicht delegieren kann. Das gilt vor allem für den kreativen oder den beratenden Bereich. Kunden, die sich für Sie entschieden haben, haben sich in erster Linie für Ihren Geschmack, Ihren analytischen Blick oder Ihre Meinung entschieden, und das lässt sich nicht leicht auf Mitarbeiter übertragen. Wenn Sie ein Unternehmen kennenlernen, das unzufrieden mit dem ursprünglich so exquisiten Dienstleister ist, liegt das oft genau daran. Die besten Pferde werden häufig nur so lange aus dem Stall geholt und auf ein Projekt gesetzt, wie es noch nicht in trockenen Tüchern ist. Doch eh man sich versieht, spricht der Kunde nicht mehr mit dem Chef, sondern mit einer Projektleitung, die nur eine halbe Stelle hat und im Heimbüro arbeitet. Ich selbst habe solche Situationen erlebt, als ich noch auf der Kundenseite tätig war, und weiß daher: Es funktioniert nicht. Das ist übrigens auch einer der Gründe, warum eine Unternehmensbewertung einer hervorragend funktionierenden Beratungsgesellschaft wesentlich niedriger ausfallen kann, als mancher Inhaber denkt. Denn jeder Investor weiß: Wenn die Köpfe gehen, die die Kunden begeistern, verliert das Unternehmen an Wert.

2. »Ich habe Zeit, es zu machen.«

Etwas, das so mancher Gründer unterschätzt, wenn er glaubt, rasch Mitarbeiter zu benötigen, ist die eigene Kapazität. Niemand ist immer voll und sinnvoll ausgelastet. Wenn Sie als One-Man-Show starten, haben Sie genauso viel Leerlauf, wie wenn Sie zehn Mitarbeiter beschäftigen. Denn auch wer Mitarbeiter beschäftigt, muss sie auslasten und schafft sich selbst Freiräume, die nicht immer voll abgerufen werden. Niemand ist zu 100 Prozent nur mit denjenigen Tätigkeiten ausgelastet, die nur er bedienen könnte. Da ich mein Wirtschaftsstudium als freier Designer finanziert habe, ist diese Situation für mich häufig genauso erfüllend wie auch anstrengend. Einen festen Grafiker einzustellen, wenn ich abschätzen kann, dass ich den Freiraum für eine Gestaltungsentwicklung haben werde, ergibt keinen Sinn. Ein anderer macht vielleicht die Buchhaltung selbst, weil er neben der eigentlichen Arbeit auch noch Freude an Zahlen hat. Und vor allem die Zeit dazu. Vielleicht werden sogar die Geschäftsräume eigenhändig gestrichen, statt einen Maler zu beauftragen. Wenn ich die Zeit habe, etwas selbst zu tun, und es auch kann, wäre es unwirtschaftlich, dafür jemanden zu beauftragen.

3. »Ich mache es gern.«

Es gibt Aufgaben, die möchte man sich nicht nehmen lassen, selbst wenn sie weit unter der eigenen Gehaltsklasse liegen. Stellen Sie sich jemanden vor, der mit seiner kleinen Firma Segelboote baut. Mit der Zeit wächst das Unternehmen und der leidenschaftliche Gründer wird zunehmend am Schreibtisch gebraucht. Den Geruch von verarbeitetem Holz, das Gefühl, mit der Handfläche über eine frisch abgeschliffene Holzstelle zu gleiten, wird er sich trotzdem erlauben. Denn genau für dieses Gefühl hat er all das Risiko auf sich genommen. Ich bin mir sicher, dass auch Sie solche Momente kennen. Einen Unternehmensauftritt für ein lokales Start-up zu entwickeln, ist nicht so lukrativ wie ein Beratungspaket für ein Industrieunternehmen. Und dennoch lasse ich es mir nur ganz selten nehmen, diese handwerkliche Arbeit selbst zu tun. Auch wenn es manchmal anstrengend ist, mache ich es gern.

Macher arbeiten für drei. Doch häufig nehmen wir diesen Schweiß nicht wahr. Wir nehmen das Glänzen wahr, nicht die Arbeit, die sich dahinter verbirgt. Und so kommt es, dass wir uns fragen, wie ein Macher es geschafft hat, dorthin zu kommen, wo er heute steht.

Eine dieser Personen ist Florian Sitzmann. Florian Sitzmann ist vielen bekannt als Pianist und Cellist der »Söhne Mannheims«. Doch hinter dem smarten Musiker, der mit seinem Talent die Hallen beschallt, steckt viel mehr. Viel mehr Arbeit und viel mehr Herausforderung, als man denkt. Und die begann nicht erst mit den Charts. Sie begann, als er mit fünf Jahren das Klavier vor sich sah. Der Songwriter, Produzent und Arrangeur von Künstlern wie Nena oder Christina Stürmer gibt sein Wissen auch als Professor weiter und verantwortet an der Mannheimer Popakademie den Bereich »Producing«.

Ich habe mich mit ihm in seinem Studio getroffen und zwischen Kaffeemaschine und Echo mit ihm darüber gesprochen, welchen Einfluss seine Leidenschaft auf seine Arbeit hat und ob er seine Koffer noch selbst trägt.

Du bist gut gebucht. Kannst du überhaupt noch berechnen, welcher Aufwand sich für dich gerade lohnt und wann du besser Feierabend machen solltest?

Florian Sitzmann: Ich habe ja nie einen Tarifvertrag mit mir selbst abgeschlossen. Ich kann nicht so einfach sagen: »Ich bekomme genau soundsoviel Euro für soundsoviele Stunden Arbeit.« Also gibt es auch keine Überstunden, sondern eher die Gesamtbilanz am Schluss. Es gibt auch Phasen, da investierst du erst mal in Projekte oder in dich selbst und die können sich nicht sofort rechnen. Also kommst du nicht in dieses typische Rechnen.

Ja, das kann ich mir gut vorstellen. Vor allem, wenn man einer sehr leidenschaftlichen Aufgabe nachgeht, ist es schwierig, seine Zeit immer strikt zu planen.

Florian Sitzmann: Das stimmt. Leidenschaft ist so ein Faktor, der bricht sich Bahn. Den kann ich nicht manchmal erlauben und dann wieder verbieten. Man kann es ein Stück weit steuern, aber ich merke, wenn man alles plant, dann zieht sich als Erstes auch die Leidenschaft zurück. Wenn sie dich packt, dann ist es eher die vornehme Aufgabe, Raum und Zeit dafür zu schaffen, denn das Aufheben für später ist schwierig. Wenn du dreimal deine Leidenschaft ausgebremst hast, dann kommt sie beim vierten Mal, wo du sie bräuchtest, nicht mehr von alleine.

Das finde ich häufig in Projekten schwierig, in denen man vorab kalkuliert, ob sich die Anstrengungen aus wirtschaftlichen Gründen überhaupt lohnen. Wie geht es dir damit in diesem künstlerischen Bereich?

Florian Sitzmann: Man kann es mit der Zeit ganz gut abschätzen. Aber was es schwierig macht, vor allem im künstlerischen Bereich, ist, dass du manchmal gar nicht Stopp sagen möchtest (lacht). Manchmal rechnet man sich diese Bilanz auch selber schön. Bei Tonträgerproduktionen wird es immer schwieriger, gut zu kalkulieren, was auch an der inzwischen enorm beschädigten Wertschöpfungskette liegt. Es gibt aber auch Produktionen, die einem vom Inhalt her viel bedeuten oder wo einem der Künstler sehr nahesteht. Für mich ist dann zum Beispiel oft die Frage: Wenn ich das jetzt nicht mache, mit was beschäftige ich mich denn dann in dieser Zeit? Da kommen auch ganz andere Aspekte als nur der monetäre ins Rennen.

Das ist spannend, denn das gibt es in der nüchternen Wirtschaft ja so nicht. Da fragt man nicht, wie geht es dir damit oder was macht das mit deinem Herzen.

Florian Sitzmann: Ja, und das war ein Lernprozess. Anfangs denkst du, du musst alles machen, was irgendwie geht. Später lernt man, dass man vielleicht mehr ausweilen und das Arbeitsleben selbst ein Objekt von Gestaltung werden kann. Das ist so eine Freiheit, die möchte ich in meinem selbstständigen Dasein unbedingt haben. Viele Menschen träumen von einem kreativen Beruf, wie ich das Glück habe, ihn auszuführen. Aber ich muss auch sagen, dass relativ viele Anteile davon erstaunlich unkreativ sind (lacht). Da ist es sehr wichtig, sich Freiheiten zu lassen.

Du würdest also die Freiheit noch über den Erfolg stellen? Viele würden Freiheiten aufgeben, um erfolgreich zu sein.

Florian Sitzmann: Nicht kategorisch. Aber »Erfolg« wird ein bisschen inflationär gehandhabt. Erfolg im wahrsten Sinne des Wortes ist einfach nur, dass etwas Intendiertes auf das Tun folgt. Zum Beispiel spiele ich einen Song auf der Bühne und anschließend klatschen die Leute. Instant reward. Man muss aber auch den Erfolg sehen, der nicht ganz so offensichtlich ist, zum Beispiel, wenn du deine Agenda am Ende des Tages geschafft hast oder mit anderen Menschen etwas gemeinschaftlich bewegt hast, auch ohne dass es jetzt ein monetärer Erfolg war oder besonders effizient. Natürlich kenne ich die spektakulären Seiten von Erfolg. Also auf sehr großen Bühnen zu stehen, im Fernsehen zu performen und so weiter. Ich habe vieles schon gesehen in meinem Leben, wo man ganz augenscheinlich sagen würde: »Ja, das ist Erfolg.« Und trotzdem muss ich mir auch immer wieder selber sagen: »So ein Bürotag bei mir zu Hause, wo ich meine Quittungen sortiere und für den Steuerberater alles fertig bekommen habe, ist auch ein Erfolg.«

Das kenne ich gut. Heute gibt es viele Menschen, die durch Castingshows ihre Abkürzung zum Erfolg suchen, in der Hoffnung, dann angekommen zu sein. Aber die Arbeit hört ja nicht auf, oder?

Florian Sitzmann: Es ist ja nun ein großer Unterschied, ob man in einer Sache erfolgreich wird oder darin erfolgreich bleibt. Und dieser Teil der Arbeit wird logischerweise nicht gesehen. So ist es für Leute nicht spannend, zu sehen, dass PUR gerade ihr fünfzehntes Album veröffentlichen und schon wieder zwei Gigs in der ausverkauften Schalke-Arena spielen. Gerade im Zeitalter der Castingshows scheint es vielen unterhaltsamer, vier, fünf Wochen lang zu erleben, wie aus einem Niemand ein vollkommener Überstar wird. Natürlich liegt es hauptsächlich an der Industrie und den Sendeformaten, dass die Leute dann danach keine tragenden, weiterführenden Karrieren haben. Das Publikum schaut lieber auf den sich entwickelnden Erfolg. In der Regel ist niemand groß fasziniert von dem 60-jährigen Super-Profi, der mit ruhiger Hand und riesiger Lebenserfahrung seine Abteilung führt und zwischen Stabilität und Kreativität einen tollen Job macht.

Das finde ich sehr schade, weil man von solchen Typen unheimlich viel lernen kann. Gerade auch, weil man wesentlich mehr »Hinter den Kulissen« ackern muss, als man von außen vermuten würde.

Florian Sitzmann: Ja, im Grunde ist es eine Art Zeitströmung, dass der Ich-AG-Typ der eigentliche Mann der Zukunft ist. Ich sehe das kritisch, aber ich muss ehrlich sagen, dass auch ich mir in vielen Zusammenhängen gar keinen Manager leisten könnte, wenn ich es selbst machen kann. Und so geht es ganz vielen Künstlern. Man bekommt eigentlich von allen Seiten gespiegelt: Du musst ein super Marketing-Mann sein, ein toller Promoter für dich und dein Projekt, ein guter Projektmanager und eigentlich musst du auch ein super Teamleader sein (seufzt). Wenn es immer so gewesen wäre, gäbe es viele Stücke der großartigen Musik der letzten Jahrhunderte heute gar nicht. Und manchmal bedeutet das in meinem Fall, dass ich mich wie ein Logistikunternehmen fühle. Wenn jemand für zwei Tage zu mir ins Studio kommt, bin ich vorher und nachher auch damit beschäftigt E-Mails zu verschicken und die eigene Logistik, das eigene Terminmanagement zu organisieren, ganz zu schweigen von Rechnungen schreiben und Rechnungen bezahlen. Ohne geht es nicht. Und trotzdem mache ich es mit Leidenschaft. Einfach, weil es zu meinem Beruf gehört.

Vielen Dank für das interessante Gespräch!

Eigentlich wollte ich an Wochenenden nicht mehr arbeiten. Zumindest nicht mehr so häufig. Zu Beginn meiner Selbstständigkeit war das noch anders. Vieles war neu. Und alles war spannend. Vor allem die Entscheidungswege wurden in der Selbstständigkeit viel kürzer. Wo ich zuvor Ideen mit den betreffenden Kollegen anderer Abteilungen abstimmen und je nach Umfang auch die Geschäftsführung mit einbinden musste, gab es nun nur noch mich. Das liest sich vielleicht etwas einsam. War es aber nicht. Im Gegenteil, denn mit sich selbst zu ringen, ist manchmal schon anstrengend genug. Und für sein Tun verantwortlich zu sein, beschleunigt Entscheidungsprozesse immens. Eigene Ziele zu setzen, daran zu arbeiten und zu erleben, wie das zuvor Geplante tatsächlich Realität wird, war eine großartige Erfahrung. Ist es noch immer. An Wochenenden mit dem Kopf im Laptop zu versinken, hat deshalb für mich kaum etwas mit Arbeit zu tun. Gar nicht verwunderlich also, dass viele täglich mit den Gedanken in den Themen sind, die die eigene Existenz sichern und die in ganz vielen Momenten auch ganz viel Freude bereiten.

Ich habe Momente erlebt, in denen ich mich endlich nach wochenlanger Vorfreude einer kreativen Aufgabe widmen wollte und mich dann plötzlich an ihr abmühte.

Und doch habe ich mir vorgenommen, die zwei freien Tage in der Woche, für mich Samstag und Sonntag, auch tatsächlich freie Tage sein zu lassen und trotz all dem Schönen, das ich bewege, zwischendurch aufzutanken. Das funktioniert mal gut und mal weniger gut. Heute hat es gar nicht funktioniert. Still und heimlich habe ich mich an meinem eigenen Anspruch vorbeigeschlichen, leise nach dem Laptop gegriffen und mich entspannt in einen Sessel gesetzt. Geschafft. »Meine Frau hat mich noch nicht gesehen, also habe ich ab jetzt t + 10 Minuten Zeit«, dachte ich. t Minuten, bis ich an einem Sonntag mit dem Laptop auf dem Schoß entdeckt werde, plus die obligatorischen 10 Minuten, die meine Arbeit noch dauert, wenn ich danach gefragt werde, wie lange ich denn noch brauche. Für mich ist es einfacher, meine Gedanken jetzt in die Hand zu nehmen, als sie den ganzen Tag im Kopf mit mir herumzutragen. Bei mir ist es so, wie Florian es formuliert hat: Leidenschaft bricht sich Bahn. Wenn man anfängt, sie auszubremsen, kommt sie nicht wie von Zauberhand zurück, wenn man sie braucht. Ich habe Momente erlebt, in denen ich mich endlich nach wochenlanger Vorfreude einer kreativen Aufgabe widmen wollte und mich dann plötzlich an ihr abmühte. Leidenschaft lässt sich nicht in Arbeitszeiten zwängen. Das ist auch der Grund, warum ich mich inzwischen nicht mehr strikt an meine Bürozeiten halte. Es gibt Phasen oder Momente, in denen mir eine Aufgabe um 17 Uhr leichter von der Hand geht als um 8 Uhr. Es kommt aber auch gelegentlich vor, dass ich um 5 Uhr morgens aufstehe und eine Aufgabe beginne, weil ich merke, dass genau jetzt der richtige Zeitpunkt dafür ist.

Diese Freiheit zu haben und vor allem zu nutzen, macht nicht nur zufriedener, sondern auch produktiver. Der Psychologe Mihály Csíkszentmihályi hat sich lange mit der Frage auseinandergesetzt, was uns Menschen glücklich macht und welchen Einfluss Zufriedenheit auf unsere Effizienz hat. Csíkszentmihályi hat in seiner

Forschung ein Konzept entwickelt und geprägt, das Florian und ich für unsere Produktivität genauso begrüßen wie Sie wahrscheinlich auch: den Flow.

Wer im Flow ist, lässt sich von etwas treiben, auf das er keinen Einfluss hat.

Wer im Flow ist, möchte nicht gestört werden. Wer im Flow ist, lässt sich von etwas treiben, auf das er keinen Einfluss hat. Wenn jetzt jemand oder etwas stört, reißt es einen heraus. Die unsichtbare Thermik, die einem gerade noch unter die Flügel gegriffen hat, reißt ab. Einer der Probanden von Csíkszentmihályis Studie beschrieb den Flow-Zustand wie ein Arbeiten unter Drogen. Er würde neben sich stehen und seinen Händen beim Komponieren zuschauen. Dieses »Neben-sich-Stehen« ist eine sehr gute Beschreibung für das, was mit uns passiert, wenn wir im Flow sind. Wir treten einen Schritt zur Seite und überlassen den Zug unseres Handeln etwas, das schneller arbeitet, als wir denken können: unserer Leidenschaft. Wir arbeiten im Flow, wenn wir etwas tun, das wir wirklich sehr gern tun, und dabei nicht unterbrochen werden.

Csíkszentmihályi geht sogar noch einen Schritt weiter. Er sagt, dass uns der Flow glücklicher macht als Materialismus. Das hört sich etwas romantisch an, aber er hat recht. Der Flow ist nicht nur erstrebenswert, weil er produktiv macht, sondern weil wir darin etwas zustande bringen, das uns mit Freude und tiefer Zufriedenheit erfüllt. Das Herausfordernde am Flow ist jedoch, dass er sich leidenschaftlich selbst einlädt. Genau aus diesem Grund sitze ich an einem Sonntag mit dem Laptop auf dem Schoß, arbeite und bin happy. Auf die Leidenschaft zu hören und dem Flow eine Chance zu geben, kann bedeuten, an einem halben Tag mit Freude mehr zu schaffen als an einem Zehn-Stunden-Tag mit der besten Planung – oder auch vierzehn Stunden begeistert durchzuarbeiten.

Macher arbeiten für drei. Einer der Gründe, warum Macher ihre Unternehmung auch in schwierigen Zeiten durch raue See steuern können, ist, dass sie wissen, welche Welle gefährlich werden kann und wie sie ihr begegnen. Seiner Leidenschaft im Flow Raum zu geben, ist das eine. Den Raum überhaupt erst zu schaffen, ist das andere. Florian hätte sein tolles Studio mit allen technischen und ästhetischen Möglichkeiten nicht griffbereit, wenn er seiner Logistik keine Aufmerksamkeit schenken würde. Er wäre nicht mehr in dem »Driver-Seat«, wie er es nennt, wenn er seine Korrespondenzen, Produktions- und Konzertplanungen abgeben und sich nur noch auf das konzentrieren würde, wofür das Publikum ihn kennt.

Dieses Rollenverständnis für vielschichtige Aufgaben ist enorm wichtig für das eigene Vorankommen.

Niemand ist nur Musiker, nur Unternehmensberater oder nur Schriftsteller. Wenn ich junge Start-ups begleite, ist dieser Punkt eine der wichtigsten und sicherlich auch eine der ernüchterndsten Erkenntnisse der jungen Gründer. Bei dem erwähnten Netzwerkabend hat die Teilnehmer eine weitere Frage besonders bewegt: »Worauf möchte ich mich konzentrieren?« Mein erstes Gespräch an dem Abend, noch bevor die Veranstaltung offiziell begonnen hatte, drehte sich um genau diese Frage. Mir scheint es, als würde man jungen Gründern heute so deutlich einbrennen, dass Fokussierung und Konzentration wichtig sind, dass viele übersehen, dass man mit nur einer Tätigkeit seine Miete nicht zahlen kann.

Als ich mit meinem Unternehmen MARKENWERT gestartet bin, habe ich mich auch fokussiert. Ich habe einen Controllingansatz für Marketingleiter entwickelt, den ich mir habe schützen lassen. Das Produkt war innovativ und hilfreich, aber zu komplex. Man konnte es nicht ohne Weiteres in das laufende Tagesgeschäft einbinden. Was zu meiner Überraschung aber stark nachgefragt wurde, war mein gestalterisches Talent. Ohne dass ich es geplant hatte, haben meine Kunden erkannt, dass hier jemand eine Kampagne entwickeln kann, der von beiden Seiten etwas versteht, dem Strategischen und dem Gestalterischen. Und so wurde dieser Bereich, der eigentlich nur für ein bisschen Kleingeld sorgen sollte, der Renner. Es hat drei Jahre gedauert, bis sich MARKENWERT im Markt so gesetzt hatte, wie ich es mir gewünscht habe. Sich zu fokussieren ist wichtig, weil man eine Richtung festlegt und ein Ziel, auf das man hinarbeiten kann. Doch es kommt immer alles anders, als man denkt. Und mit Sicherheit wäre ich heute in meinem Beruf nicht so gut, wenn ich alle Aufgaben, die mich von meinem gesteckten Weg weggelockt haben, an andere abgegeben hätte.

Mit Sicherheit wäre ich heute in meinem Beruf nicht so gut, wenn ich alle Aufgaben an andere abgegeben hätte.

So manche Unternehmung, die unser Leben als Produkt, Dienstleistung, Kinofilm oder Ohrwurm prägt, wäre nicht zustande gekommen, wenn die Macher sich nur darauf konzentriert hätten, den Weg zum gesteckten Ziel bloß nicht zu verlassen. Auf keinen Fall mehr zu arbeiten als unbedingt nötig. Erfolg lässt sich nicht immer berechnen und nicht immer wirtschaftlich bewerten. Wer zu Beginn seiner Gründung tatsächlich alle Stunden zusammenrechnet, die er für seine Unternehmung aufbringt, und auch die Momente zählt, in denen Leidenschaft und Flow die Freizeit unterbrechen, der wird nie wirklich starten. Der Aufwand wäre zu hoch, und das macht das Vorhaben unwirtschaftlich, also zu einem Totalschaden.

Macher arbeiten für drei, weil sie wissen, dass Arbeit nicht immer wirtschaftlich sein muss, um mehr zu schaffen als andere, etwas Größeres zu bewegen, als man für möglich hält, oder glücklich zu sein mit dem, was man tut. Gute Pläne müssen nicht immer nur deutliche Vorteile auf ganzer Linie generieren. Aus diesem Grund sitze ich an einem Sonntag hier im Sessel. Meinen Anspruch des freien Wochenendes habe ich ausgetrickst. Nicht weil ich es muss oder weil man mir unglaublich viel Geld dafür bezahlt, sondern einfach, weil mir der Flow Freude bereitet.

Von t + 10 Minuten sind noch drei Minuten übrig, die meinen Feierabend einläuten. Das ist völlig okay. Arbeit ist schließlich nicht alles.

Ungeduld hilft der Ausdauer

»Macher sind ungeduldig ausdauernd.«

Ich bin ungeduldig. Das war ich schon immer. Ich wollte bestimmte Dinge immer möglichst schnell können, am besten ohne viel dafür zu lernen. Klavierspielen zum Beispiel. Als Kind wollte ich so toll Klavier spielen können wie mein Vater. Mit den Augen eines Kindes betrachtet ist Klavierspielen gar nicht schwer. Man drückt bestimmte Tasten und schon erklingt die Musik. Dabei hören sich manche Tasten in Kombination mit anderen besonders gut an. Ich erinnere mich noch daran, wie ich eines Tages ein Notenblatt am Klavier fand, auf dem über den Noten und dem Text auch Buchstaben standen. Ich fragte meine Mutter, was diese Buchstaben über dem Liedtext zu bedeuten hätten. Sie erklärte mir, dass es Gitarrenakkorde seien, die jeweils für ungefähr drei Töne bzw. Tasten auf dem Klavier stehen. Steht dort ein »F« spielt man auf dem Klavier gleichzeitig die Töne f, a und c. Wenn man bedenkt, dass die meisten Lieder nur aus vier bis fünf Akkorden bestehen und man sich nur durch das Spielen dieser Akkorde die ganzen schwarzen Punkte mit angehängten Strichen in all ihren bedrohlichen Facetten vom Hals halten und dennoch ein Lied begleiten kann, war das eine grandiose Erkenntnis. California Dreams hieß der Song, der von nun an durch unser Haus schallte. Man sollte meinen, dem Klavierunterricht hätte von nun an nichts mehr im Wege gestanden. Irrtum. Es verging einige Zeit, bis ich meinen Vater um Unterricht bat. Mein Vater, der sich auf den Unterricht freute, setzte sich mit mir ans Klavier, legte das Songbook von Michael Jackson, zu dem ich inzwischen gewechselt war, zur Seite und stellte ein anderes auf die Ablage. »Die kleine Musikschule« blickte mich nun erwartungsvoll an. Aus »Heal the world« wurde »Hänschen klein« – vorausgesetzt ich würde die Fingersatzübungen richtig lernen. Sie ahnen es schon. Bis »Hänschen klein« bin ich nicht gekommen. Und dennoch wurden Musik und das Klavier ein wichtiger Bestandteil meiner musikalischen Freizeit, auch wenn so mancher nicht glauben wollte, dass ich nur nach Akkorden und Gehör spielte. Was soll ich sagen – ich war halt ungeduldig. Ich weiß aber, dass ich nie hätte Klavier spielen wollen, wenn ich mich durch all die Noten hätte durchquälen müssen. Ungeduldig zu sein und sich als ungeduldig zu outen, ist nicht selbstverständlich. Wenn es nach dem österreichischen Psychologen Walter Mischel geht, macht mich meine Ungeduld zu einem sozialen Wrack, so steht es in einem Zeitungsartikel. Ungeduldige Menschen, so Mischel, greifen häufiger zu Zigaretten und Alkohol. Ungeduldige tendieren zu Übergewicht, sind beruflich erfolglos und bemühen sich nur mäßig, dem Zustand der Arbeitslosigkeit zu entfliehen. Sie haben eine kürzere Ausbildungszeit, ein geringes Einkommen, sparen eher wenig und, wer hätte das gedacht, verschulden sich.[5] Ich war schon immer ungeduldig. Mein Magen auch. Ich gehöre zu den Menschen, die die Pizza eher zu früh als zu spät aus dem Ofen holen. »Dafür, dass ich ungeduldig bin, komme ich ganz gut klar«, denke ich beim Lesen des Artikels, halte kurz inne und blicke prüfend hinunter auf meinen Bauch. Ich atme tief in die Brust.

Je mehr ich darüber nachdenke, desto verständlicher wird mir, warum die Ergebnisse der besagten Studie nicht gänzlich realitätsfremd sind. Wer ungeduldig ist, will seine Wünsche möglichst schnell befriedigen, also passt er sie seinen Möglichkeiten an. Lieber schnell das Greifbare genießen, als zu verzichten und zu warten. Geduld ist eine Tugend, sagt man. Doch wäre ich grundsätzlich ein geduldiger Typ, könnte ich auf so manches tolle Erlebnis nicht zurückblicken. Ich wäre in jungen Jahren mit meiner Band und den selbst geschriebenen Songs nicht bei VIVA gelandet, ich hätte meine erste große Liebe nicht für mich gewinnen können, wäre parallel zum Wirtschaftsstudium kein freier Designer geworden und hätte mich später sicher auch nicht selbstständig gemacht. Ich wollte es einfach wissen. Schon immer.

Etwas irritiert über mein fehlendes biografisches Totalversagen, das laut Mischel mit meiner Ungeduld einhergehen müsste, google ich das Wort »Ungeduld«. Und tatsächlich finde ich keinen Artikel, der so etwas sagt wie: »Mit dem richtigen Quäntchen Ungeduld bist du erfolgreich.« Im Gegenteil. Ich finde Statements wie »Ungeduld kostet Energie« oder »Ungeduld bringt dich nicht ans Ziel«. Mich irritiert das. Irgendetwas kann da nicht stimmen. Die Ungeduld, die ich in meinem Leben erlebe, ist anders. Meine Ungeduld kostet mich keine Energie, sie schenkt mir Kraft und motiviert mich. Sie hindert mich auch nicht daran, an meinen Zielen anzukommen, sondern befähigt mich dazu, dranzubleiben. Wenn ich ungeduldig bin, dann weil mir etwas unglaublich wichtig ist. Als Christ glaube ich daran, dass Gott etwas Gutes mit mir vorhat, und ich wäre ein Narr, wenn ich darauf nicht gespannt wäre. Jemand, der geduldig warten kann, jemand, dem es nicht in den Fingern kribbelt und der keine prickelnde Vorfreude verspürt, der wird seine Ziele nicht erreichen. Oder nur mit Verspätung und Desinteresse. Manchmal brauchen wir diese Unruhe, um einen Schritt weiter zu gehen. Entscheidend ist, welche Ziele wir uns setzen.

Die Ungeduld, die ich in meinem Leben erlebe, ist anders.

Wer aus seiner Ungeduld heraus seine Ziele herunterschraubt, beschneidet sich selbst und landet mit Sicherheit in der Ergebnisgruppe der zitierten Studie. Ungeduldig zu sein und dabei die Ziele nicht herunterzuschrauben, ist das Entscheidende. Wenn Ihnen früher gesagt wurde, dass Sie nicht ungeduldig sein dürfen, dann sage ich Ihnen jetzt: Sie dürfen! Ungeduld ist nicht per se schlecht. Sie ist an vielen Stellen vorteilhafter, als die Tugend es uns weismachen will. Trauen Sie sich, auch mal ungeduldig zu sein. Viele Menschen verpassen Chancen, weil sie sich in

Geduld üben. Geduldige warten ab, in der Erwartung, dass sich irgendwann noch eine Tür öffnet, die weniger Risiko verlangt, weniger Einsatz oder größeren Erfolg. Mein Opa sagt noch heute: »Von nichts kommt nichts.« Recht hat er. Üben Sie sich nicht in Geduld. Üben Sie sich in Ausdauer.

Macher wollen es wissen. Sie testen sich aus. Scheitern. Probieren aufs Neue. Schaffen etwas. Denken ein Stück größer. Macher sind ungeduldig ausdauernd. Ohne Ungeduld verliert die Ausdauer ihre Lust. Geduld, sagt Wikipedia, ist die Fähigkeit oder Bereitschaft, etwas ruhig und beherrscht abzuwarten oder zu ertragen. Ausdauer ist die Fähigkeit, eine Leistung über einen langen Zeitraum zu erbringen und sich ohne nachzulassen für sie zu interessieren.[6] Geduld ist passiv, Ausdauer aktiv. Sie werden nicht geduldig und gleichzeitig ausdauernd sein können und sich dennoch in Ihren Zielen und Ihrem Tun selbst überraschen. Ungeduldig zu sein und dennoch Ausdauer zu haben, ist eine Eigenschaft, die uns weiterbringt, als wir denken, und weiter, als andere es für möglich halten. Es ist eine Eigenschaft, die mich bei einigen bekannten Persönlichkeiten beeindruckt.

Die Schriftstellerin Joanne K. Rowling, der wir Harry Potter verdanken, hat ihr Manuskript über den kleinen sympathischen Zauberlehrling an viele Verlage geschickt.[7] Im zweistelligen Bereich soll ihre Korrespondenz gelegen haben und doch hat sie lange Zeit nur Absagen erhalten. Sie war nicht geduldig. Wäre sie geduldig gewesen, hätte sie abgewartet, »bis die Zeit reif ist«. Passiv und ruhig. Wie kann man ruhig und beherrscht abwarten, wenn man eine Vision wie »Harry Potter« vor Augen hat? Sie wollte es wissen und hat immer weitere Gespräche gesucht und immer weitere Absagen erhalten. Welch unbeschreibliche Ausdauer diese Frau hatte!

Eine weitere inspirierende Persönlichkeit ist Billy Joel.[8] Der Sänger, Pianist und Songwriter hat eine bewegende Lebensgeschichte hinter sich. Der begabte junge Mann kämpfte schon früh dafür, mit seiner Leidenschaft eine erfolgreiche Karriere hinzulegen. Der Erfolg war immer zum Greifen nah und doch so fern. Ein Punkt in seiner bewegten Biografie hat mich besonders beeindruckt.

1971 nahm Billy Joel sein Debütalbum auf. Mit viel Aufwand wurde eine Platte produziert, die ihm endlich den ersehnten und hart erarbeiteten Erfolg bescheren sollte. Als die Schallplatte fertig gepresst war, lud Joel seine Freunde zu einer der üblichen »Listening Partys« ein. Gemeinsam, still und gebannt warteten alle vor dem Schallplattenspieler. Die Nadel berührte das Vinyl und alle blickten verwundert zu Joel, der nicht fassen konnte, was er da hörte. Der Sound war alles andere als das, was er erwartete. Der Song hörte sich an wie eine Billy-Joel-Version der »Chipmunks«, als hätte die ganze Band Helium inhaliert, denn im Produktionsprozess war der Ton mit einer zu hohen Geschwindigkeit auf das Masterband überspielt worden. Billy Joel warf die Platte wie eine Frisbee-Scheibe aus dem Fenster. Welch verfahrene Situation: Eine erneute Produktion war nicht möglich, die Scheiben waren nicht zu gebrauchen und sein Plattenvertrag noch gültig. Doch Joel war ungeduldig ausdauernd. Er tourte von nun an unbeirrt mit diesen Songs durch die Welt, in der Hoffnung, ein Label würde sich dafür interessieren und alles noch einmal von Neuem aufnehmen. 1981, eine Dekade später, veröffentliche Joel ein Live-Album inklusive des Titels »She's got a way«, der damals durch den Produktionsfehler gefloppt war. »She's got a way« stieg in die Top 40 der US-Charts auf.

Ausdauer ist anstrengend.

Es klappt eben nicht immer alles beim ersten Anlauf, und so mancher Anlauf ist länger als gedacht. Ungeduldig dranzubleiben, hungrig auf das Ergebnis zu sein und dennoch ausdauernd durchzuhalten, das macht Macher aus. Ausdauer ist anstrengend. Man beginnt etwas mit Schmetterlingen im Bauch und merkt dann relativ schnell: Das wird Arbeit. Man lernt sich und das Ziel besser kennen, hat großartige Momente, in denen die Welt stillsteht, und auch Abende, an denen man sich genervt auf die Couch setzt und sich fragt, warum man sich all das eigentlich antut. Und dennoch passiert es. Man steht am nächsten Morgen auf und macht weiter. Wie schafft man es, durchzuhalten? Ausdauernd zu sein und eben nicht aufzugeben, wenn das lang ersehnte Ergebnis entweder keinen interessiert oder einem selbst nicht genügt?

Über diese spannende Frage habe ich mit jemandem gesprochen, der mit seinen 72 Jahren weit mehr Ausdauer in seiner Leidenschaft an den Tag gelegt hat, als ich es mir für mich vorstellen könnte. Und er tut es noch immer. Sie kennen ihn vielleicht als Erich Schiller, den zweiten Mann von Mutter Beimer aus der »Lindenstraße«, oder aus seiner aktuellen TV-Show »Mord mit Ansage«.

Ich habe Bill Mockridge auf seiner aktuellen Tour »Hurra, wir lieben noch!« getroffen. Ich musste etwas schmunzeln, als ich eine Stunde vor Beginn an der Location eintraf, denn ich war bereits einmal hier gewesen: zu dem Comedy-Programm seines Sohnes Luke Mockridge. Es war einer der lachmuskel-intensivsten Abende, die ich erlebt habe. Jemand wie Bill Mockridge, der sechs sympathische Jungs erfolgreich in diese Welt gepflanzt hat und noch immer weiß, was Ausdauer ist und dabei den Humor nicht verliert, ist genau der richtige Typ für meine Fragen.

Wenn du an deine Vision denkst: Bist du eher abwartend und ruhig oder ungeduldig? Ich glaube nämlich, dass man viel Ausdauer braucht und dennoch ungeduldig sein kann und muss. Was denkst du?

Bill Mockridge: Natürlich bin ich ungeduldig, wenn es darum geht, meine Vision zu erreichen, aber du hast recht. Die Vision erst mal zu erreichen, dauert. Selbst wenn du dein Ziel erreicht hast, bist du nicht fertig. Dann geht es darum, deine Vision größer zu machen, dein Fundament so zu gestalten, dass das Ding nicht in zwei Jahren wieder kippt. Ungeduld darf dich nicht dazu bringen, zu sagen: »Das geht mir nicht schnell genug«, sondern diese Ungeduld ist dieses Drängen, das dich antreibt.

Wie schaffst du es, all die Jahre diese Spannung aus Ungeduld und Ausdauer zu leben und dennoch dabei so verdammt gut und erholt auszusehen? Hast du schon immer eine gesunde Balance gehabt?

Bill Mockridge: (lacht) Ich habe es ein bisschen verpasst, mit fünfzig Jahren ein bewussteres Leben zu führen. Ich war in dieser »Zimmer frei«-Sendung und Christine Westermann hat dort immer so eine Psycho-Ecke gestaltet. In der Ecke, in der wir saßen, war ein großer Terminkalender als Bühnenbild aufgestellt und mit tausend Dingen bestückt. Sie fragte: »Bei all dem, was du tust – wann hast du Zeit für dich?« Ich konnte die Frage nicht beantworten. Ich habe nicht geweint, aber in diesem Moment fiel mein Kartenhaus in sich zusammen. Ich habe dann irgendetwas gestammelt. Die nächste Frage kam und ich war immer noch richtig geschockt. Das war der Moment, wo ich gemerkt habe, dass ich etwas ändern muss. Es war eher mit Anfang sechzig, dass ich anfing, viel mehr Sport zu treiben, gesünder zu essen. »You're in it for a looong run« – das sollte man immer vor Augen haben, nicht erst mit fünfzig.

Das erinnert mich an das Sprichwort: »Das Leben ist ein Marathon und kein Sprint.« Würdest du in unserer schnelllebigen Zeit immer noch sagen: »Gut Ding braucht Weile?« Oder wäre: »Gut Ding braucht Eile« heute treffender?

Bill Mockridge: Dieser Fünfzehn-Minuten-Fame, den man bei vielen Casting-Leuten sieht, den bekommt man relativ schnell. Aber er ist halt auch nicht langlebig. Wenn man etwas sieht, will man es sofort umsetzen oder es haben. Und das ist die Frustration, die man aushalten muss. Bei mir ist es oft so, dass Margie sagt: »Schlaf mal drüber, dann überlegst du es dir noch mal.« Und nach ein paar Tagen denke ich dann: »Ach, so toll ist das doch nicht.« Also ich glaube, gut Ding braucht Weile. Immer noch.

Welche Rolle spielt Leidenschaft für dich in deinem Job. Glaubst du, dass es eine richtige Balance gibt aus Leidenschaft und Struktur, mit der man nach vorn kommt?

Bill Mockridge: Ja, ich denke, jeder findet seine eigene Mischung, also: Wie viel Leidenschaft brauche ich, um immer wieder an meinem Ziel dranzubleiben, auch wenn es schwierig ist, auch wenn es langweilig ist? Auch das ist das Problem bei Leidenschaft. Sachen werden natürlich alltäglich und auch langweilig, wenn sie wiederholt werden. Ich glaube, dass du dich trotzdem immer wieder neu finden und erfinden musst. Ich habe mit »Springmaus« das Improvisationstheater nach Deutschland geholt. Aber auch das ist durch sehr viele Phasen gegangen. Die Sehgewohnheiten sind ganz andere geworden. Die Leute sind viel schneller, sie erwarten heute eine unheimliche Gag-Dichte. Diese Entwicklung darf man nicht ignorieren. Es reicht nicht, dass die Menschen applaudieren, du willst ihnen ein Erlebnis bieten, sodass sie, wenn sie nach Hause gehen, immer noch begeistert sind. Genau wie du und Shari damals nach dem Comedy-Programm von Luke. Und um das zu tun, musst du das wollen und es auch zielstrebig verfolgen.

Du hast gesagt, man muss aufpassen, dass einem nicht langweilig wird, wenn man lange in eine Richtung unterwegs ist. Gibt es Momente, in denen du etwas geändert hast, weil es dir langweilig wurde?

Bill Mockridge: Ja, natürlich. Gerade mein Produkt ist ein kreatives Produkt. Ich kann immer wieder sagen, ich inszeniere und schreibe die nächste Show ein bisschen anders. Das Frustrierende ist, dass die Leute das zum Teil nicht wollen. Genauso wie bei Musikern, bei denen man ihre zehn, fünfzehn bekanntesten Hits hören will. Das finde ich auch sehr schwierig. Da muss ich dann noch mal an das Grundgefühl des Unternehmens heran und fragen: »Was hat mich damals inspiriert? Behalte ich dieses Gefühl trotz aller Veränderungen?« Wir gehen jetzt zum Beispiel ganz neue Wege mit der »Springmaus« und verlieren Zuschauer, weil sie sagen, dass es nicht mehr das ist, was sie immer geliebt haben. Aber du kannst dich nicht weiterentwickeln, ohne Leute zu verlieren. Dafür gewinnst du neue. Ich halte Schritt mit meiner Entwicklung, frage mich immer wieder, wer ich bin. Ich hatte auch eine Zeit, wo ich mich nicht gut fand und sehr unglücklich war. Man geht durch diese Phasen durch. Aber solange du immer wieder fragst, wer du heute bist, und auf dich hörst, kommst du weiter. Du bist ja auch nicht mehr der Bastian, der du vor zwanzig Jahren warst.

Stimmt. Ziele ändern sich und Perspektiven auch. Wie hast du es geschafft, über fünfzig Jahre lang so ausdauernd dranzubleiben?

Bill Mockridge: Es muss für mich immer wieder die Frage wichtig sein: »Warum mache ich das?« Als Schauspieler bin ich es gewohnt, seitdem ich denken kann, diese Frage im Zusammenhang mit einer Szene zu stellen. Warum mache ich das? Menschen handeln bewusst oder unbewusst, aber aus Motivationen, aus Gedanken, Gefühlen und Reaktionen heraus. Deshalb musst du dich als Schauspieler immer wieder fragen, warum du etwas tust. Stell dir eine Szene vor, in der ich auf meine Frau warte und sie beim Betreten der Wohnung frage: »Wo warst du die ganze Zeit?« Warum mache ich das? Bin ich wirklich frustriert, weil sie nicht da war? Habe ich mir Sorgen gemacht? Oder wollte ich mit ihr ins Bett? Warum tue ich das? Ich weiß, warum ich Schauspieler bin. Ich brauche das und ich liebe das, denn das ist meine Leidenschaft. Aber es gibt auch viele Momente, wo man sich fragt: »Willst du lieber das oder Geld verdienen?« Das ist absolut legitim. Manchmal muss man eine Balance finden. Doch Geld allein wird dich nicht über eine lange Phase glücklich machen. Genug Geld macht zufrieden, aber nicht glücklich.

Vielen Dank für das interessante Gespräch!

Mit ordentlich Gesichtsmuskelkater saßen meine Frau und ich ein paar Stunden später wieder im Wagen, auf dem Weg Richtung Heimat. Es war ein toller Abend gewesen. Das Programm »Hurra, wir lieben noch!« spielt Bill gemeinsam mit seiner Frau Margie. Es ist eine Art pointierte Selbstreflexion über all die Jahre Ehe, die beide verbindet und die natürlich auch auf die geschlechtertypischen Betrachtungsweisen anspielt. Typisch Mann, typisch Frau. Wir wären in dem Alter gern auch noch so liebend und verliebt, wie die beiden es zu sein scheinen, stellen wir fest, als wir auf die Autobahn auffahren. Unsere Erkenntnis für den heutigen Abend: Manches ändert sich in der Kommunikation und dem Miteinander nicht. Muss es auch nicht. Bei anderem braucht man Ausdauer und muss immer wieder ungeduldig den Zeigefinger heben. Nach dem vielfältigen Programm fiel es mir nicht leicht, mich im Auto direkt wieder an unser Gespräch zu erinnern. Musste ich auch nicht. Wollte ich aber. Und schon kam der erste Gedanke aus dem Gespräch wieder ans Licht: »Warum mache ich das?«

Mit dem Warum zu beginnen und sich darauf auszurichten, verändert die Art, wie wir auf unser Engagement blicken und wie andere uns, unser Tun und unser Produkt wahrnehmen.

Wer ausdauernd seine Ziele erreicht, der weiß, warum er auf dem Weg ist. Zumindest verspürt er ein Gefühl oder eine Sehnsucht, die ihn antreibt. Können Sie aus dem Stegreif formulieren, warum Sie in Ihrem Engagement stehen? Beruflich, privat oder ehrenamtlich? Auf dieses »Warum« eine Antwort zu formulieren, ist oft gar nicht so einfach. Vor allem, wenn man über die typischen Antworten hinauskommen möchte. Das Warum hat etwas mit Ihnen persönlich zu tun. Und das zu formulieren, ist für viele eine wirkliche Aufgabe.

Simon Sinek hat sich durch diese Frage einen Namen gemacht. Besser gesagt durch die Erkenntnis, dass das Warum für Unternehmer und Unternehmen von existenzieller Bedeutung ist. Der Speaker und Autor ist vielen bekannt durch seine Aufforderung »Start with why«.[9] Mit dem Warum zu beginnen und sich darauf auszurichten, verändert die Art, wie wir auf unser Engagement blicken und wie andere uns, unser Tun und unser Produkt wahrnehmen. Und es hat großen Einfluss auf Ihre und meine Ausdauer.

Wenn ich Sie bitten würde, zwei, drei Sätze zu sich zu erzählen, würden Sie vermutlich Folgendes tun: Sie würden erklären, »was« Sie tun, gefolgt davon, »wie« Sie es tun. Wahrscheinlich würden Sie zum Schluss auf das »Warum« kaum noch eingehen. Wenn Sie sich in diesem Muster wiedererkennen, sind Sie nicht allein. Viele stellen ihre Person genau so vor oder bewerben ihre Produkte in dieser Form. Was passiert aber, wenn das Warum nach vorn rückt, wir die Reihenfolge also einmal umdrehen?

Eine meiner Bekannten, Daniela Müller, ist Verhaltenstherapeutin für Hunde. Würde Sie sich mit dem Warum vorweg vorstellen, dann würde sie sagen: »Ich habe vor vielen Jahren einen sehr schwierigen Hund zu mir geholt und niemanden gefunden, der mir helfen konnte, ihn zu sozialisieren. Ich musste mir vieles selbst aneignen. Daher habe ich Jahre später meinen Job aufgegeben und mich auf Verhaltenstherapie für Hunde spezialisiert, um auch die schwierigen Fälle lösen zu können. So bin ich inzwischen Hundetrainerin und -therapeutin und habe einen viel entspannteren Hund.«

Merken Sie, welches Gewicht das »Warum« hat? Wer mit einem anstrengenden Hund zusammenlebt, ahnt sofort: Sie weiß, wovon sie spricht und wie es einem Hundebesitzer im Alltag mit den Problemen geht. Welch geniales Alleinstellungsmerkmal! Wenn die Leute wissen, warum sie all das auf sich genommen hat, hilft das auch ihr, denn das Warum ist immer emotionaler Natur. Es hat etwas mit der Berufung zu tun, mit dem Sinn, den man für sich sieht. Das Warum ist der Grund, warum Sie sich auf Ihren Weg gemacht haben, zurückstecken, mal verzichten und mit jedem ungeduldigen Schritt ausdauernd in Bewegung bleiben. Und das Warum ändert sich mit der Zeit, weil Ihre Persönlichkeit sich ändert.

Manchmal sind es Kleinigkeiten, die unsere Richtung minimal verändern, aber langfristig zu einem ganz anderen Ziel führen.

Wenn es einen Grund dafür gibt, warum Menschen sich nicht aktiv und kontinuierlich fragen, warum sie etwas tun, dann mit Sicherheit, weil sie Angst vor der Antwort haben. Sich zu fragen, warum man etwas macht, kann ernüchtern. Was mache ich denn mit der Erkenntnis, dass der Grund, der mich ursprünglich angetrieben hat, nicht mehr auffindbar ist? Oder nicht mehr aktuell? Aufhören?

Sich durchbeißen? Ist das Ausdauer? »Da muss ich durch«, kommt einem vielleicht in den Sinn. Mir kam es in den Sinn, als ich dieses Thema vorbereitet habe. Nicht weil es mir zu anstrengend gewesen wäre, sondern eher, weil ich mich fragte, ob ich mir diese Antwort selbst auch manchmal gebe. Ob ich in den letzten Jahren nur augenscheinlich ausdauernd war, weil ich gar keine andere Möglichkeit hatte, als weiterzumachen. Mich hat dieser Gedanke tatsächlich viele Tage bewegt. Schließlich teilte ich ihn mit meiner Frau und sie war ganz anderer Meinung: »Du hättest zu jeder Zeit das Firmenkonto plündern, das Unternehmen verkaufen und dir einen anderen Job suchen können. Hast du aber nicht. Warum auch immer hast du ein paar Tage später motiviert weitergemacht. Das ist Ausdauer.« Mich hat ihre Meinung erleichtert und auch etwas irritiert. »Warum auch immer« – ja, warum denn?

Wenn ich darüber nachdenke, warum ich an die Grenzen meiner Ausdauer stoße und dennoch ein paar Tage später motiviert weitergehe, fällt mir auf, dass es etwas mit Veränderung zu hat. Manchmal sind es Kleinigkeiten, die unsere Richtung minimal verändern, aber langfristig zu einem ganz anderen Ziel führen. Fast alle zwei Jahre erlebe ich solch eine Veränderung, die mir deutlich macht, dass ein einmal gestecktes Ziel in der Form kaum mehr zu erreichen scheint, was mich dazu bringt, an meiner Ausdauer zu zweifeln. Mein »Warum« wird infrage gestellt oder unterspült, wie eine mit viel Liebe gebaute Sandburg, die an Stabilität verliert, wenn das Wasser den Sand darunter fortträgt. Dass ich dennoch wenige Tage später motiviert weitergehe, liegt daran, dass ich die Antwort auf mein Warum an die Entwicklungen in meinem Leben anpasse, um Schritt zu halten, oder mein Engagement justiere, damit es wieder zu meinem »Warum« passt. Ich drehe mich da-

Fragen Sie regelmäßig nach Ihrem Warum und trauen Sie sich, Ihren Kurs wenn nötig anzupassen.

bei nicht wie ein Fähnchen im Wind. Manche Ziele sind eher wie ein maßgeschneiderter Anzug, der nach einiger Zeit der aktuellen Mode angepasst wird. Es würde gar keinen Sinn ergeben, einem Ziel über viele Jahre hinweg zu folgen, ohne das Ziel selbst und den Weg dorthin ab und an infrage zu stellen und zu optimieren. Ein Flugzeug, das seine Geschwindigkeit, seine Flughöhe und Flugrichtung nicht regelmäßig den Gegebenheiten anpasst, wird sein Ziel nicht erreichen. Gleiches gilt für Schiffe. Wer Strömungen nicht in seine Reise mit einkalkuliert und mit ihnen arbeitet, kommt nicht an. Dazu kommt ein weiterer Aspekt: Wer lange unterwegs ist, will mit der Zeit vielleicht bewusst ein Ziel wählen, das hundert Kilometer östlich von dem liegt, das er sich ursprünglich gesetzt hat. Wenn Sie sich also nicht nur mit Ihrer Ausdauer durchbeißen, sondern sich von ihr getragen fühlen wollen, dann fragen Sie regelmäßig nach Ihrem Warum und trauen Sie sich, Ihren Kurs wenn nötig anzupassen. Erfolgreich ausdauernd zu sein, bedeutet, sich anzupassen.

Kursanpassungen geschehen übrigens nicht zu jeder Minute. Man unterteilt seine Reise in Etappen, an deren Ende geprüft und korrigiert wird. Etappenziele machen die Ausdauer nicht nur erträglicher, sondern auch erfolgreicher. Programmierer veröffentlichen nie nur eine Version und legen dann die Arbeit nieder. Sie denken und arbeiten in Etappen beziehungsweise in Versionen. Manchmal ist es nicht sinnvoll, all das, was man sich für ein Programm konzeptionell vorstellen kann, direkt in die erste Version zu integrieren. Außerdem muss man das Programm den äußerlichen Umständen anpassen und es in regelmäßigen Abständen aktualisieren. Aus Version 1.0 wird Version 1.1, bis sich vielleicht die Antwort auf das Warum etwas ändern muss und man Version 2.0 herausbringt.

Vor allem aber sind Etappenziele ein Grund zur Freude. Sie rufen Ihnen zu, dass Sie Ihrer Vision nachweislich ein Stück nähergekommen sind. Dass Ihre Anstrengungen lohnend waren und Sie voller Vertrauen und ganz selbstbewusst weitergehen dürfen. Mit Version 1.0 fahren Sie bereits erste Früchte ein. Wählen Sie Ihre Etappenziele aber mit Bedacht. Etappenziele sollten so greifbar sein, dass Ihre Ungeduld sie gern greifen möchte, und doch so fern, dass Sie etwas dafür tun müssen und letztlich immer wieder ein kleines Stück über sich hinauswachsen. Wer im Alltag über Etappenziele spricht, möchte häufig ausdrücken, dass es wichtig ist, sich nicht zu viel auf einmal vorzunehmen. An den großen Berg, der vor uns liegt und bedrohliche Schatten wirft, werden wir uns weder herantrauen noch werden wir an ihn »ran« wollen. Etappenziele haben aber auch noch eine andere Aufgabe, die vielen nicht bewusst ist: Sie gestalten einen Spannungsbogen.

Richtig gesteckte Etappenziele sorgen für eine Dramaturgie, die uns fesselt und unsere Spannung bindet. Ähnlich wie gut geschriebene Kapitel in Ihrem Lieblingsbuch, die es fast unmöglich machen, an ihrem Ende das Buch einfach zur Seite zu legen.

Als Bill das Thema Langeweile ansprach, hat mich das überrascht. Bei ihm, als Vater von sechs Söhnen, erfolgreichem Schauspieler und Unternehmer, kann ich mir Langeweile gar nicht vorstellen. Und doch hat er recht. Viele Menschen lieben das Abenteuer, das Aufregende und das Neue. Dieses Gefühl, einen spannenden Weg zu beginnen, ist häufig einer der Gründe, warum Menschen sich auf das Ungewisse einlassen. Wer die spannendste Aufgabe beginnt und sie zum Alltag werden lässt, wird ihr zwangsläufig Normalität einhauchen und der Langeweile das Tor öffnen. Sich Etappenziele spannend zu gestalten und sich selbst zu belohnen, ist daher immens wichtig. Kein Macher erreicht Unglaubliches ohne glaubwürdige Etappenziele.

Billy Joel hat einige Erfolge gefeiert – auch vor seinem großen Durchbruch. Und ich bin mir sicher, dass er diese Etappensiege voll ausgekostet hat. Auch Joanne K. Rowling war vor und während der Arbeit an Harry Potter als Autorin nicht erfolglos und wird mit Sicherheit viel Kraft aus ihren Etappen geschöpft haben, die sie motivierten, ausdauernd zu bleiben. Das Leben mag kein Sprint, sondern ein Marathon sein. Und doch darf und sollte man jedem Schritt freudig und mit Spannung entgegenblicken.

Das Beste kommt noch

»Macher hören nicht auf, wenn es am schönsten ist.«

Ausdauernd sein ist das eine, zu wissen, wann man von der Bühne seines Engagements abtritt, das andere. Beides abzuwägen, ist manchmal nicht leicht. Alles hat seine Zeit. Unsere Persönlichkeit verändert sich im Laufe der Jahre. Unsere Lebenssituationen wechseln und die Antwort auf unser »Warum« erhält ab und an einen neuen Sinn. Als ich mich damals selbstständig gemacht habe, war mir bewusst, dass die Firma, die ich nun aufbauen würde, mich nicht zwingend mein ganzes Leben begleiten würde. Nicht weil ich davon ausging, in den ersten Jahren keine Wirtschaftlichkeit zu erreichen, sondern weil ich wusste, dass Menschen in meiner Branche nur etwa fünf bis acht Jahre in einem Unternehmen bleiben und dann wechseln. Man sehnt sich nach einer gewissen Zeit nach neuen Herausforderungen und man entwächst der Rollenbeschreibung, in die man bei der Stellenbesetzung hineingedacht wurde. Ich startete also mit dem Wissen, dass irgendwann ein Punkt kommen konnte, an dem ich beruflich wieder andere Wege einschlagen würde. Diese luxuriöse Perspektive kann nicht jeder in Anspruch nehmen. Wer ein Industrieunternehmen auf die Beine stellt und viele Mitarbeiter beschäftigt, zudem noch viel Kapital aufnimmt, der wird diese Entspanntheit in dieser Form sicherlich nicht erleben. Ich war für diese Sichtweise jedoch dankbar. Mir gab sie ein gutes Gefühl. Und dennoch kamen immer wieder Momente, in denen ich mich fragte, unter welchen Voraussetzungen ich meinen Laden schließen würde. Wann würde ich aufhören? Würde ich aufhören, wenn es am schönsten ist? Nein, mit Sicherheit nicht. Aber es gibt Menschen, die eine Karriere mit genau dieser Redewendung beenden. Die Schauspielerin Isabell Horn verließ die Serie »Gute Zeiten, schlechte Zeiten« mit der Begründung: »Wir sind dramaturgisch jetzt nach vielen Beziehungshöhen und -tiefen mit einem Happy End auf dem Höhepunkt der Liebesgeschichte um Pia und John angelangt. Und man sollte immer gehen, wenn es am schönsten ist.«[10] Auch der Graf, der Sänger der Band »Unheilig«, wählte diese Redewendung, als er sich von seinen Fans verabschiedete: »Es gibt einen weisen Spruch, der da heißt: Du musst aufhören, wenn es am schönsten ist ..., um den Wert des Erlebten zu erhalten. Nur dann haben erreichte Ziele und Träume ihre eigene Zeit, auf die man später ... zurückblicken kann.«[11]

Die Worte »Ich bin zu alt für den Scheiß« würden sich jedoch nicht so gut verkaufen.

Ich glaube jedoch, dass diese Redewendung in vielen Fällen anderen Gründen vorgeschoben wird. Dass sich nach 1 229 Folgen eines TV-Formats Prioritäten auch einmal ändern. Und dass man nach erfolgreichen Tourneen auch mal feststellt, dass man an den vorherigen Erfolg nur schwer anknüpfen kann oder die Familie wichtiger wird. Prioritäten ändern sich. Unsere Lebenssituation und wir selbst wachsen weiter. Die Worte »Ich bin zu alt für den Scheiß« würden sich jedoch nicht so gut verkaufen. Deshalb lenkt man lieber den emotionalen Blick auf das Schöne und verabschiedet sich ganz smart mit einer bewunderten Weisheit, bevor man unter Applaus von dannen zieht. Verstehen Sie mich bitte nicht falsch: Ich kenne Isabell Horn und den Grafen nicht persönlich und möchte ihnen auch gar nicht absprechen, dass sie in einer für sich schönen Phase Abschied genommen haben. Aber im Allgemeinen ist mir solch ein Statement oft zu politisch korrekt. Zu einfach. Und vor allem zu irreführend. Denn es verunsichert. Wenn eine beliebte Schauspielerin und ein erfolgreicher Sänger aufhören, weil es am schönsten ist, sollte ich das dann vielleicht auch?

Die Mehrheit tendiert dazu, sich eher zu unterschätzen, als auf große Träume zielstrebig zuzulaufen. Wer sich von erfolgreichen Menschen erklären lässt, man täte gut daran, im schönsten

Moment aufzuhören, kommt ins Grübeln. Was ist überhaupt der schönste Moment? Man stellt sich die Frage, was man selbst überhaupt imstande ist, zu erreichen. Und schon ist man raus. Raus aus der Motivation, raus aus den Träumen und dem Glauben an die unentdeckten Fähigkeiten, die in einem schlummern. »Sollte ich jetzt lieber Schluss machen?« Jemand, der sich mit solchen Fragen beschäftigt, konzentriert sich nicht auf seine Sache, sondern verunsichert sich selbst. Sie merken mir bereits an, dass ich diesem Spruch sehr skeptisch gegenüberstehe.

Wer diese Redewendung zu seinem Motto macht, beraubt sich selbst seiner Zukunft.

Ich habe Menschen mit großartigen Talenten kennengelernt, die in ihrem Beruf nicht weiter von ihrer Leidenschaft entfernt sein konnten. Andere hatten bereits erste Erfolge erzielt und haben dann frühzeitig, trotz vielversprechender Aussichten, ihren leidenschaftlich geprägten Weg beendet. Als das Größte, das sie glaubten erreichen zu können, eingetreten war, hörten sie auf.

Macher hören nicht auf, wenn es am schönsten ist. Es geht ihnen nicht darum, etwas zu erreichen, das »am schönsten ist«, sondern darum, ihrer Leidenschaft zu folgen. Viele der Stars, die von Bühnen heruntersprechen, erzählen eine ähnliche Geschichte. Sie waren nicht auf der Suche nach dem schönsten Moment, sondern nach ihrer Leidenschaft. Schauen wir uns die Klassiker an, wie Steve Jobs oder Bill Gates. Sie hätten beide unzählige Male ihr Engagement einstellen können, hätten sie sich an dieser Redensart orientiert. Steve Jobs hatte in unfassbar kurzer Zeit ein großes

Vermögen erwirtschaftet, und dennoch machte er weiter. Er erlebte Höhen und Tiefen, verlor viel Geld, verdiente danach mehr als gedacht und verstarb schließlich und überraschend als jemand, der seine Vision nicht aufgegeben hatte, sondern bis zuletzt an seinem Ziel drangeblieben war. Auch Bill Gates hätte sich nach seinem ersten millionenschweren Deal mit IBM zurückziehen können. Aber Macher bleiben dran.

Ich erinnere mich an eine legendäre Interviewsituation zwischen Jürgen Klopp und einem sehr unbeholfenen Moderator. In seiner Rolle als Trainer von Borussia Dortmund stellte er sich nach einer Drei-zu-null-Niederlage gegen den FC Mailand den Fragen des Herrn Taktlos, wie ich ihn gern nenne. Man muss dazu wissen, dass diese Niederlage es dem BVB fast unmöglich machte, im Rückspiel die gewünschte Qualifikation zu erreichen. Moderator Taktlos fragte Jürgen Klopp: »Vier zu eins würde jetzt nicht mal reichen. Sie haben gerade schon gesagt, wir treten natürlich an, aber die Sache ist durch oder? ... Jürgen Klopp?« Jürgen Klopp, der sichtlich überrascht von solch einer Frage nach Worten rang, antwortete schließlich folgendermaßen:

> *»Wie könnte man mir Geld überweisen für meinen Job, wenn ich heute hier stehen würde und sage: Es ist durch? Ich wäre genauso doof, wie wenn ich sagen würde: Wir hauen die sicher weg. Aber entschuldige, ich möchte hier nicht im ZDF-Studio schon wieder irgendwie aneinandergeraten, aber glauben Sie echt, dass ich sagen könnte: Ja? Also auf doofe Fragen kann ich auch doof antworten, wie wir wissen. Herr Klopp, es ist durch. Ja. Tschuldigung, aber wir müssen noch mal ran. Sind wir fertig?«*[12]

Borussia Dortmunds Claim »Echte Liebe«, der bei uns in Dortmund stark mit »Kloppo« verbunden ist, kommt nicht von ungefähr. Es hätte mit Sicherheit Trainer gegeben, die auf solch eine Frage geantwortet hätten: »Ja, wir haben es uns anders vorgestellt. Nun gehen wir in das letzte Spiel etwas schonender rein und nehmen noch so viel Erfahrung und Praxis mit wie möglich.« Aber echte Liebe gibt sich nicht einfach auf und sie sucht nicht den schönsten Moment, um danach die weiße Fahne zu schwenken. Leidenschaft auch nicht. Vielleicht erinnern Sie sich an das leidenschaftliche Viertelfinale der Champions League im Jahr 2013 zwischen Borussia Dortmund und Málaga. Mit einem Rückstand von 1:2 ging es in die dreiminütige Verlängerung. Und tatsächlich erzielte Dortmund noch zwei Tore in zwei Minuten und zog mit 3:2 in das Champions-League-Halbfinale ein.

Wenn ich lange Zeit am Schreibtisch sitze und allein im Büro bin, dann höre ich meistens eine CD rauf und runter, oft sogar über mehrere Tage. Die gleiche Musik zu hören, hilft mir, an dem, was ich gerade tue, dranzubleiben. Als die Planungen für dieses Buch begannen, begleitete mich ein Album im Büro und im Auto: das »Familienalbum« von den Prinzen. Ich war im Internet durch Zufall auf die CD gestoßen und erfreut, dass die Jungs sich nach all der Zeit nicht auf den alten Hits ausruhen, sondern immer noch schreiben, produzieren und auftreten – und das genauso anspruchsvoll wie damals. Und mit »damals« kenne ich mich aus. Meine erste CD, die ich als Kind zum Geburtstag bekam, war die lang ersehnte und heiß erwartete »Alles nur geklaut«. Bis dato hatte ich versucht, über einen Kassettenrekorder mit eingebautem Mikro, der neben meinem Röhrenfernseher stand, den Song aufzunehmen. Das setzte natürlich voraus, dass ich ununterbrochen

VIVA guckte, um im richtigen Augenblick die Aufnahme zu starten. Und nun nannte ich eine echte Aufnahme in bester Qualität mein Eigen! Dass diese Band auch heute noch meine Stimmung hebt, finde ich deshalb besonders toll. Vor allem aber besonders. Denn welche Band schafft es schon, so lange am Puls der Zeit zu bleiben?

Der Song »Es war nicht alles schlecht« brachte mich auf dieses Kapitel. Der Text ist ein Rückblick, der viele schöne Momente aufzählt und auch dem ein oder anderen schattigen Erlebnis ein positives Augenzwinkern verleiht. Der Song pflanzte mir den Gedanken in den Kopf, dass Macher nicht aufhören, wenn es am schönsten ist. Die Prinzen hätten, wenn man nach oberflächlichen, augenscheinlichen Kriterien ginge, genauso wie andere Künstler schon längst ihren Abschied feiern können. Schöne Momente gab es sicher genug. Ausreichend Höhepunkte auch. Aber das taten sie nicht. Mich hat natürlich brennend interessiert, warum. Umso mehr freut es mich, dass ich einen der Prinzen für mein Buch und dieses Kapitel gewinnen konnte.

Schöne Momente gab es sicher genug. Ausreichend Höhepunkte auch.

Jens Sembdner ist bei den Prinzen zuständig für die tiefen Töne. Er ist Autor, Solist und ein absolut sympathischer Kerl. Das war mein Glück. Denn etwas Bedenken hatte ich schon, mit ihm über ein Thema zu sprechen, das unterm Strich ganz doof fragt: »Warum, gibt's euch eigentlich noch?« Zu meiner Erleichterung war dies unbegründet, denn Jens wusste, worauf ich hinauswollte, bevor ich es überhaupt richtig formuliert hatte.

JENS SEMBDNER

SÄNGER, AUTOR

»Wenn es am schönsten ist, soll man aufhören«, sagt man. Du hast mit den Prinzen sicher viele schöne Momente erlebt und dennoch seid ihr immer noch unterwegs, und zwar erfolgreich. Was macht solch ein Spruch mit dir?

Jens Sembdner: Also erst mal beinhaltet der Spruch ja die Aussage, dass du genau weißt, wann es für dich am schönsten ist. Das ist schon mal ziemlich schwierig, zu entscheiden. Ich glaube einfach nicht, dass man sagt: Wenn ich den Gipfel erklommen habe, habe ich das Schönste erlebt. Der weitere Weg kann ja auch sehr schön sein. Deswegen halte ich von dem Spruch nicht viel. Wenn ich das jetzt auf die Prinzen übertrage, hat man schon nach zehn Jahren zu uns gesagt, dass es unglaublich ist, dass wir immer noch da sind. »Habt ihr nicht alles erreicht? Ihr wart überall, ihr wart Open Air, habt Preise bekommen und so weiter. Was soll denn jetzt noch kommen?« Natürlich kann man dann abtreten, wenn es das ist, was man als Ziel hatte. Aber ich muss ganz ehrlich sagen, ich habe die schöneren Jahre erlebt, als wir nicht mehr in diesen Top 10 waren.

Echt? Als Außenstehender glaubt man, dass Stars eher für diesen großen Erfolg leben und genau darin das Schöne sehen.

Jens Sembdner: Aber so ist es nicht! Weil die erste Zeit, wo es so abging, unglaublich fordernd war. Du warst ungefähr 295 Tage im Jahr durchgehend beschäftigt und unterwegs.

Du wusstest teilweise gar nicht mehr, in welcher Stadt du bist, du wusstest manchmal gar nicht mehr, ist es morgens oder abends? Das ist vorbei. Heute kann ich viel mehr genießen. Zum Beispiel nehme ich mir, wenn wir irgendwo auftreten, die Zeit, um drei, vier Stunden durch die Stadt zu gehen. Ich kann mit solch einer Redewendung nicht viel anfangen, weil ich nicht weiß, wo der Höhepunkt ist. Dann müsste ich ja jetzt wieder aussteigen oder abspringen. Dann hätte ich vor zwanzig Jahren schon abspringen müssen. Für mich ist der Höhepunkt jetzt gerade.

Das ehrt mich (lacht). Aber ich weiß, was du meinst. Ich bin überzeugt, dass echte Leidenschaft einem mehr gibt als die augenscheinlichen Höhen.

Jens Sembdner: Ja, ich glaube, eine Leidenschaft, wie du sagst, die hast du drin und die wirst du durchziehen. Du wirst also nicht etwas, wofür du brennst, von heute auf morgen aufgeben, weil du angeblich einen Zenit erreicht hast. Wir waren jetzt mit Orchester auf Tour. Da kommen auch 2 000 Leute, selbst die Kinder unserer Fans sind dabei. Das ist unglaublich. Und wir hatten auch eine Phase, in der kaum noch einer kam. Da dachten wir: »Das war's jetzt.« Aber wenn man mit Leidenschaft dabeibleibt, dann kriegt man auch ein Comeback oder etwas Neues hin.

Gab es für dich einen Moment, in dem du dachtest: »Wow, ich hätte nicht gedacht, dass wir es so weit schaffen«, also diesen angeblichen »schönsten Moment«? Nimmt man solche Momente wahr?

Jens Sembdner: (überlegt) Jein. Also für jemanden, der nach vorne will, gibt es kein »Ich hätte gar nicht gedacht, dass ich so weit komme«, für den gibt's keine Grenzen. Du willst ja die Welt erobern. Wir haben viele kommen und gehen sehen, die mit uns gestartet sind, und da dachte ich oft: »Toll, dass es uns noch gibt.« Da habe ich mir schon oft Gedanken drüber gemacht. Auch woran das liegt. Das hat bei uns sicherlich etwas damit zu tun, dass wir diszipliniert sein können. Das heißt nicht, dass wir es sind. Wir können im Notfall diszipliniert sein (lacht).

Leidenschaft lag euch ja schon immer im Blut. So wie ich euch wahrnehme, seid ihr mit unheimlich viel Herzblut unterwegs.

Jens Sembdner: Ja, aber es gibt viele andere, die auch mit Herzblut dabei sind. Aber die Gefahr, dass du plötzlich in dieses Fahrwasser kommst, das dich nach oben zieht, die ist groß. Und das killt die meisten. Das sind einfach zu viele Einflüsse. Jahre später merkt man, dass vieles fast wie eine Betäubung war, weil man mit dieser Situation in diesem Fahrwasser nicht so einfach klarkommt. Leidenschaft heißt für mich nicht einfach, nach oben zu kommen, sondern etwas zu tun, wofür mein Herz schlägt. Ich glaube einfach, dass du deiner Leidenschaft nachgehen musst und die dich da hinführen wird, wo du hin musst. Und das haben wir immer gemacht. Wir haben uns nie verbiegen lassen. Du musst auf dein Innerstes hören und darfst dich nicht der Verlockung hingeben, dass man vielleicht schneller berühmt sein kann, wenn man sich nur ein bisschen verbiegt. Das darf nicht passieren.

Du bist ja nicht nur mit den Prinzen unterwegs. Du hast auch als Solist eine CD veröffentlicht und ein Buch geschrieben. Es gibt Menschen, die machen möglichst viel, um ihrem Geltungsbedürfnis gerecht zu werden. Ich weiß, dass das bei dir nicht so ist. Was treibt dich an?

Jens Sembdner: Man kennt mich ja von den Prinzen als jemand, der lieber in der zweiten Reihe steht, der seinen Kopf eher nicht nach draußen hängt. Ich hätte meine Haare damals auch grün färben können und dann hätte sich das geändert. Aber ich möchte das nicht. Leben heißt für mich eben auch, durch einen Park zu spazieren, in einem Restaurant zu sitzen und einfach mal zu beobachten, ohne dass ich selber beobachtet werde. Die Geschichte mit dem Buch ist eigentlich auch durch »Leiden geschaffen« worden, durch ein Erlebnis, dem ich mich stellen musste. Da war eine Zeit, in der mir viele Leute gesagt haben: »Jens, du musst das, was du verarbeitest, einfach mal rauslassen.« So ist dann später das Buch entstanden. Ich habe Unmengen von Mails bekommen von Menschen, die etwas ähnlich Tragisches erlebt haben oder sogar das Gleiche. Man darf ja in unserer Gesellschaft augenscheinlich keine Schwäche zeigen. Das Buch hat mich sehr befreit.

Mancher denkt vielleicht bei Menschen, die lange ihren Weg gehen: »Der oder die weiß nicht, wann es reicht«, und sieht das als Schwäche. Aber nicht aufzugeben und immer noch die schönen Momente zu suchen, ist ziemlich mutig.

Jens Sembdner: Ja genau! Wenn du jung bist und startest, dann hast du ein Ziel, das du erreichen willst. Aber nach all den Zielen, all der Zeit und dem Wissen, wie die andere Seite des Erfolgs aussieht, habe ich für mich entdeckt, dass jeder Tag auch einfach nur schön sein kann. Dass es eben nicht darum geht, zu haben und zu besitzen. Sich an etwas zu erfreuen, in der Sonne zu liegen, achtsam zu sein, das ist wichtig. Da hast du viel mehr Glücksgefühle als bei Dingen, die du dir herbeisehnst und die dich dann vielleicht enttäuschen, weil es letztlich doch gar nicht so toll ist, wie du es dir vorgestellt hast. Vielleicht sollte man den Spruch auch eher so verstehen: »Wenn es am schönsten ist, genieß es doch mal. Denk nicht schon wieder an das nächste Ziel, sondern genieß es.«

Vielen Dank für das interessante Gespräch!

Das Gespräch mit Jens hat mir viel Freude gemacht. Man spürt ihm ab, dass er die Ausgeglichenheit gefunden hat, von der er spricht. Das macht ihn authentisch und sympathisch. Es ist auffällig, dass alle meine Gesprächspartner nicht »dem schönsten Moment« hinterherjagen. Ich kann mich Jens nur anschließen: Manche Ziele, die man erreichen möchte, sind letztlich gar nicht so großartig und erfüllend, wie man gedacht hat. Diese Ziele sind dennoch wichtig, weil sie dazugehören, aber man sollte dem augenscheinlich Großen nicht immer den größten Wert zusprechen. Diese Perspektive eröffnet sich einem sicherlich sehr schnell, wenn man beide Seiten der Medaille kennengelernt hat, das Normale und das Außergewöhnliche, und man merkt, dass das Schöne auf beiden Seiten wohnt.

Macher hören nicht einfach auf. Sie hören nicht auf, wenn es am schönsten ist. Wer tatsächlich aufhört, weil er nur dann das Schöne bewahren kann, der hat seinen Fokus geändert. Wer das Schöne bewahren möchte, der schaut eher besorgt zurück und nicht mehr euphorisch nach vorn. Das ist legitim, aber dann beendet man seinen Weg nicht deshalb, weil es in diesem Moment am schönsten ist, sondern weil man glaubt, auf diesem Pfad nichts Gleichwertigem mehr zu begegnen. Vielleicht sinkt die Nachfrage nach der Darbietung des Künstlers und schon sprechen wir über ein Karriereende, wie es viele über die Zeit ereilt. Aber danach geht es in vielen Fällen weiter. Anders ist es bei Sportlern, die ihr sportliches Ziel erreicht haben. Leistungssportler können schließlich nicht, wie Bill Mockridge, mit 72 Jahren noch auf hohem Niveau ihrer Leidenschaft nachgehen. Jedenfalls nicht als Spieler oder Wettkampfteilnehmer. Wer mit Leidenschaft dabei ist, der bleibt seinem Engagement wahrscheinlich in irgendeiner Form verbunden, aber eben nicht mehr auf dem Spielfeld oder auf der Rennbahn.

Der Spruch »Aufhören, wenn es am schönsten ist« kaschiert, und doch ist etwas Wahres dran. Denn unser Gehirn bewertet ein Erlebnis aufgrund von zwei Faktoren: dem Höhepunkt und dem Ende. Je schneller das Ende auf einen Höhepunkt folgt, desto positiver behalten wir das Erlebnis in Erinnerung. Daniel Kahnemann erhielt 2002 für seine Forschung zu diesem Thema den Wirtschaftsnobelpreis. Überraschenderweise basierte seine Studie auf der Untersuchung von Darmspiegelungen. Je positiver die Untersuchung trotz Zwicken und gleicher Dauer endete, desto positiver wurde sie von den Patienten in Erinnerung behalten. Wenn der Höhepunkt und das Ende solch einen wichtigen Stellenwert haben, dann könnte man wiederum von einer Dramaturgie sprechen. Dass Dramaturgie für unser Empfinden eine wichtige Rolle spielt, erleben wir auch in der Unterhaltung. Viele Konzertprogramme, Romane und Kinofilme enden mit einem großen Knall. Entertainment ist so ausgerichtet, dass der Höhepunkt eher am Ende auf uns wartet, sei es das Feuerwerk bei der Zugabe des Konzerts oder die wilde Verfolgungsjagd im spannenden Actionthriller.

Je schneller das Ende auf einen Höhepunkt folgt, desto positiver behalten wir das Erlebnis in Erinnerung.

Was im Entertainment sehr viel Sinn ergibt und Spannung schürt, überträgt sich auf uns Menschen eher wie eine Selbstverständlichkeit. Je schneller ich nach einem schönen Moment die Flinte ins Korn werfe, desto geringer ist das Risiko, dass ich mir meine Errungenschaft durch spätere Ereignisse kaputt mache oder relativiere. Aber will ich das? Das ist tatsächlich eine sehr wichtige Frage. Jens formuliert es ähnlich. Natürlich kann man seinen Zenit feiern und danach abtreten, wenn das erreichte Ziel genau das ist, was man erreichen wollte, wie ein Fußballspieler, dessen größtes Ziel es war, Weltmeister zu werden und der nun als Weltmeister seinen Weg beendet. Die Frage ist tatsächlich, was die eigene Motivation ist. Das Warum, mit dem sich das vorherige Kapitel beschäftigt hat, behält also seine Bedeutung. Wenn es als Sänger mein größtes Ziel ist, eine Halle zu bespielen, wird meine Zielstrebigkeit nach der dritten ausverkauften Halle nachlassen. Wenn es als Unternehmer mein großes Ziel ist, keinen Chef über mir zu haben und in einem dicken Wagen vorzufahren, wird mein Interesse nachlassen, sobald ich beides erreicht habe. Die spannendsten Wege werden mit der Zeit langweilig. Wenn jedoch jemand, der die Welt erobern will, wie Jens es formuliert, seiner Leidenschaft folgt, sich ein Ziel steckt und drauflosgeht, dann gibt es für ihn keine Grenzen. Die Suche nach dem schönsten Moment spielt dann keine Rolle.

Manchmal passt man das Warum dem Weg an und manchmal verändert man seine Route, um seinem Warum gerecht zu werden. Und doch kann der Moment kommen, in dem es sinnvoll ist, aufzuhören. Denn verbissen an einem Ziel dranzubleiben, ist genauso unklug, wie nach dem schönsten Moment besorgt aufzuhören. Für mich gibt es drei Zeitpunkte, zu denen es sinnvoll ist, eine Tätigkeit zu beenden.

Der erste Moment fürs Aufhören hat sachliche Gründe und ist ziemlich herausfordernd, weil er ein großes Maß an Selbstreflexion voraussetzt: Man sollte aufhören, wenn man der Aufgabe nicht mehr gewachsen ist. Herbert Hainer war fünfzehn Jahre lang Vorstandsvorsitzender von Adidas. Sechs Monate früher als geplant übergab er seinen Posten an seinen Nachfolger. Hainer sagte, er habe sich immer häufiger die Frage gestellt, welche Impulse er noch setzen könne.[13] Solch ein Abgang mag ein vergoldeter sein, aber es war ein reflektierter. Denn bei all der Sensibilität für das Schöne und Erfolgreiche füllen wir doch in erster Linie eine Rolle aus, die mit Verantwortung verbunden ist. Ich habe in meinem Beruf hervorragende Führungskräfte kennengelernt und auch solche, die ihren Zenit schon bei Weitem überschritten haben. Solche, die nur noch behindern und ausbremsen. Viele tun das sicher nicht, weil sie Freude dabei verspüren, sondern eher aus Frust und Unsicherheit, weil sie neuzeitliche Entwicklungen nicht mehr mit derselben Risikofreudigkeit und Vorstellungskraft begleiten und unterstützen können wie vor vielen Jahren. So jemand erlebt sicherlich immer noch schöne Momente. Ansehen, Einfluss, Freiheit und Gehalt können schöne Momente begünstigen. Und doch ist solch eine Person absolut fehl am Platz. Es ist nicht einmal überraschend, wenn so jemand sich seiner Rolle auch bewusst ist. Aber die Frage »Was kommt dann« erscheint auch nicht gerade glorreich. In dieser Situation, zugunsten der Sache, selbstreflektiert zu entscheiden, ist herausfordernd.

Der zweite Moment hinterfragt ebenfalls, zwar nicht das eigene Dazutun, aber die langfristige Sinnhaftigkeit der Sache: Man sollte aufhören, wenn man sich erfolgreich ins Nichts führt. Sie können sich engagieren mit all Ihrem Wissen. Sie können Zeit, Geld und Kraft investieren, um Ihr Projekt zu einem glänzenden Ende zu führen, und dann feststellen, dass das so hart erkämpfte und umkämpfte Ergebnis nicht zu gebrauchen ist. Sie können sich drei Monate lang freinehmen, um nichts anderes zu tun, als ein Buch zu schreiben. Wenn es am Ende in der Schublade verschwindet, war die gesamte Investition fraglich. Das muss aber nicht sein. Vielleicht bietet das Buch auch ohne dies einen Nutzen, weil Sie in der Zeit so viel über das beschriebene Thema recherchiert und gelernt haben, dass Sie in anderen Bereichen nun von ihrem Investment profitieren. Aber einfach nur etwas zu tun, ohne dass es zu etwas führt, vielleicht nur um recht zu behalten oder sich und anderen etwas zu beweisen, das wird Sie weder weiterbringen noch glücklich machen.

Und damit kommen wir auch schon zu dem dritten der drei Momente: dem emotionalen. Es bringt alles nichts, kein Rumdoktern an der eingeschlagenen Route und kein Herumphilosophieren über ein neues Warum, wenn man selbst tief unglücklich ist: Man sollte aufhören, wenn man keinerlei Antrieb mehr verspürt. Wer keinen Antrieb mehr verspürt, sucht nicht mehr nach schönen Momenten. Er läuft Gefahr, auszubrennen. Wenn man keinen Antrieb mehr verspürt und sich dennoch bewegen muss, fühlt man sich nicht mehr getragen, sondern schleift sich auf dem harten Boden der Realität kaputt. Wenn Sie sich jemals in solch einer Situation wiederfinden, dann trauen Sie sich und hören Sie auf. Halten Sie inne und kommen Sie zu Kräften. Es muss nicht am schönsten sein, um aufzuhören.

Wir sollten diese Redewendung viel häufiger anders verstehen, so wie Jens es tut: Wenn es am schönsten ist, hör nicht einfach nur auf. Hör auf, dir Gedanken zu machen. Hör für einen Moment auf, dich zu sorgen, und hör auf, schon das nächste Ziel anzuvisieren. Wenn es für dich jetzt gerade am schönsten ist, genieß es und sei dankbar. Ich mache den Anfang, klappe den Laptop zu und gehe mit meiner Frau ein Eis essen. Was machen Sie?

»Ohne (
verliert d
dauer ih

ngeduld
e Aus-
e Lust. «

In Euphorie schwimmen lernen

»Macher tragen seelische Verantwortung.«

Es war fast 18 Uhr. Meine Kommilitonin und ich waren mal wieder auf dem Weg von Amsterdam nach Dortmund. Wir kannten die Strecke gut, weil wir als Dortmunder Studierende zwei Semester an der Partnerhochschule in Amsterdam absolvierten. Normalerweise hörten wir immer laut Musik, ärgerten uns über Dozenten oder schwelgten in der Vorfreude auf den ersten Abend mit unseren Partnern. Diesmal nicht. Diesmal würde nicht ich meine Kommilitonin irgendwo absetzen, sondern sie mich. Und zwar im Krankenhaus. Denn meine Gedanken drehten sich gerade nicht um das freie Wochenende, sondern einfach nur um eins: »Nicht ohnmächtig werden. Nicht zusammenklappen. Schön wach bleiben.« Ich lag auf dem Beifahrersitz, versuchte irgendwelche »Punkte« im Auto mit meinen Augen zu fixieren, um nicht ganz wegzudriften, und mir war kalt. Eiskalt. Vor zehn Minuten war ich noch selbst gefahren. Bis ich aus heiterem Himmel zu ihr sagte: »Halt mal das Lenkrad, ich glaub, ich werd ohnmächtig.«

An dem besagten Tag hatten wir die letzten Klausuren geschrieben. Das Semester war vorbei, all der Stress erst einmal geschafft. Wir waren frei. Das Studium in Amsterdam war völlig anders, als wir es von zu Hause kannten. In Amsterdam bekamen wir in so gut wie jedem Fach Hausaufgaben. Was in Deutschland eher eine Art Semesterarbeit war, mussten wir in Amsterdam in den meisten Fällen von Vorlesung zu Vorlesung erarbeiten. Analysen, Konzepte und Präsentationen hielten uns nach Vorlesungsschluss lange beschäftigt. Parallel arbeitete ich als freier Designer. Ich finanzierte damit mein Studium und vor allem das übertrieben teure Wohnheim. Es war herausfordernd. Mein Problem waren dabei aber nicht die Herausforderungen an sich, sondern die wenige Zeit, die mir für sie zur Verfügung stand. Ich saß regelmäßig bis zwei oder drei Uhr morgens an meinem Schreibtisch, bevor ich ein paar Stunden »Pause« machte, um morgens wieder pünktlich entlang des Duschplans in den nächsten Tag zu starten.

Ausgerechnet an dem Tag, an dem wir die letzte Klausur geschrieben hatten, traf mein Körper das erste Mal in meinem Leben eine Entscheidung, die er nicht mit mir abgestimmt hatte. Er fuhr einfach runter. Und zwar über viele Wochen hinweg. Mein Gleichgewichtssinn war gestört. Laufen war anstrengend. Die Anwesenheit vieler Menschen gleichzeitig war für mich absolut überfordernd. Und permanent war da das Gefühl, jeden Moment ohnmächtig zu werden, aber ich wurde es nie.

Gott sei Dank, und das meine ich wortwörtlich, dauerte dieser Erschöpfungszustand nur wenige Monate an, auch wenn mich die Symptome danach noch eine ganze Weile begleiteten. Wie hatte es nur so weit kommen können?

Einer der größten Fehler, den wir Selbstständige machen können, ist zu glauben, dass man sich nicht kaputt arbeiten kann, wenn man tut, was man liebt. Burn-out beschreibt nämlich nicht nur den schwitzenden Arbeitnehmer, der von seinem Vorgesetzten peitschend durch Aufgaben getrieben wird, zu denen er negative Bindungen etabliert hat. Burn-out betrifft mehr Menschen, als wir denken. Neben Personen, die in zwischenmenschlichen Extremsituationen ihren Beruf ausüben, wie zum Beispiel Lehrer, Pflegekräfte oder Polizeibeamte, sind auch Menschen in Führungspositionen stark gefährdet. Denn »bei Managern und Führungskräften liegen drei Faktoren gleichzeitig vor, die Burn-out begünstigen: immense Verantwortung, hoher Arbeitsaufwand und die permanente Forderung nach mehr Leistung«[14].

Natürlich könnte man nun sagen: »Manager und Führungskräfte tragen die Verantwortung für ein ganzes Unternehmen und zahlreiche Arbeitsplätze. Mein Verantwortungsbereich ist kleiner. Bei mir wären die Konsequenzen nicht so schlimm.« Doch genau das ist falsch. Selbstständige oder Menschen, die sehr leidenschaftsorientiert arbeiten, stehen in einer ganz besonderen Gefahr, auszubrennen. Und das aus einem ganz einfachen Grund: Wir können dem, was uns begeistert und lockt, was unser Herz höherschlagen lässt und unserem Tun Sinn verleiht, nur schwer widerstehen. Natürlich werden wir an unsere Grenzen gebracht. Natürlich gehen wir dann eine Zeit lang müder ins Bett und stehen dennoch nicht weniger motiviert morgens wieder auf. Wenn Sie tun, was Sie lieben, erweitern Sie Ihre Grenzen und wachsen in und mit Ihren Aufgaben. Nur wer an seine Grenzen kommt, kann sie sprengen. Diese unglaubliche Schärfung der Kompetenz und Erfahrung funktioniert nur, weil Sie Ihren Körper dazu verführen, diese Grenzen auszutesten. Sie überreden Ihren Körper zu einem Verhalten, das er eigentlich ablehnen würde, wenn es nach ihm ginge.

Als Selbstständiger finden Sie sich früher oder später in einem Modus wieder, in dem das Grenzenaustesten und das -erweitern zu Ihrem Alltag gehört und sie beflügelt. Wenn Ihnen Ihr Körper am Ende des Tages schließlich sagt, wie stressig dieser Tag doch war, dann gehen Sie nicht unbedingt darauf ein. Denn natürlich war er stressig, aber im positiven Sinne. Sie haben viel geschafft, wichtige Gespräche geführt und spannende Entscheidungen getroffen. Und das fühlt sich unglaublich gut an. Da kann doch ihr Körper ruhig mal ein bisschen was aushalten. Von nichts kommt nichts, richtig? Was Ihr Körper sagt, überhören Sie oder nehmen es einfach nur zur Kenntnis, selten geben Sie ihm recht.

Dass man diese Phasen überhaupt aushalten kann, hat neben der Leidenschaft auch etwas mit Euphorie zu tun. Euphorie ist aus psychologischer Sicht ein gesteigerter Antrieb, der eine anhaltende Aktivität im Belohnungszentrum des Gehirns anspricht. Euphorie kann wie eine Droge wirken. Extreme körperliche Leistungen im Sport können ebenfalls diese Euphorie hervorrufen. Das kann zum

Beispiel bei Langstreckenläufern der Fall sein, die körperlich völlig erschöpft sind und dann doch das bekannte »Runners high« erleben. Dieser Zustand, diese Euphorie, lässt sich sogar simulieren. Durch Bungee-Jumping zum Beispiel. In der Selbstständigkeit machen wir häufig nichts anderes. Auch hier sind wir auf der Suche nach dem großartigen Gefühl, etwas gemeistert zu haben. Nach einem Wagnis erfolgreich über unsere Grenzen hinausgewachsen zu sein. Wer das erlebt hat, will mehr.

Das große Problem ist allerdings, dass diese Euphorie nicht lange hält. Wir wissen ja, dass die Wirkung von Medikamenten nachlässt, wenn man sie über einen längeren Zeitraum zuführt. Ebenso nimmt die Begeisterung für bestimmte Tätigkeiten und Interessen mit der Zeit ab. Das gilt auch für unseren bislang so aufregenden Alltag. Denn das Thema oder das Projekt, in das wir so unglaublich viel Energie investiert haben, verliert mit der Zeit seinen euphorischen Reiz. Aus Abenteuer wird Normalität. Aus gesunder Naivität vielleicht schlagartige Ernüchterung. Und sobald uns die Euphorie verlässt, die uns so übernatürlich hoch und weit getragen hat, fallen wir, ähnlich wie eine Cartoon-Figur, die ohne festen Boden unter den Füßen durch die Luft rennt und plötzlich rasant ins Bodenlose fällt – und dann vielleicht liegend und frierend im Auto ins Dortmunder Krankenhaus gebracht wird.

Leidenschaft muss gemanagt werden, damit wir daran nicht zugrunde gehen. Aber wie? Diese Frage habe ich Arne Völkel gestellt. Arne ist Pastor und Coach im Bereich der Burn-out-Prävention. Er unterstützt also Unternehmen und Führungskräfte dabei, sich an dem inneren Feuer nicht zu verbrennen. Ich durfte ihn in seinem letzten Buchprojekt zu genau diesem Thema ein Stück weit begleiten und war gespannt, was er zu all diesen Gedanken sagen würde.

Mich beschäftigt gerade die Tatsache, dass wir nicht nur ausbrennen, wenn wir zur Arbeit angetrieben werden, sondern auch, wenn wir uns freiwillig dafür entscheiden. Wie empfindest du das?

Arne Völkel: Ich finde den Ansatz interessant, weil man in der klassischen Burn-out-Prävention in der Regel die Erschöpfung thematisiert, die aus negativem äußerem Stress resultiert. In dieser Situation ist die Selbststeuerung eingeschränkt, weil man Aufgaben gerecht werden muss, die einem andere vorschreiben. Deswegen gehen viele den Schritt in die Selbstständigkeit. Sie wollen sich ihren eigenen Rahmen schaffen und sich nicht durch andere Faktoren anpeitschen lassen, auf die sie selbst keinen Einfluss haben. Dann taucht aber irgendwann das Problem auf, dass der eigene Antrieb, die Gestaltungsfreiheit zu einer Überforderung wird.

Absolut. Du hast damals meine Schwindelprobleme mitbekommen. Wie würdest du das mit dem Gedanken der Selbstständigkeit zusammenbringen?

Arne Völkel: Du kannst das mit einem auf der Spitze stehenden Kreisel vergleichen. Kreist er um die eigene Achse, verleiht ihm seine Rotation Stabilität. Das heißt, solange ich rotiere, bin ich stabil. Wenn ich mich als Selbstständiger aber selber nicht mehr antreibe, fang ich an zu taumeln, mir wird vielleicht langweilig und ich weiß nicht, wohin mit meiner Energie. Jetzt sind wir Menschen ja keine Kreisel. Wir taumeln also nicht nur, wenn wir an Geschwindigkeit verlieren. Wir taumeln nicht nur, wenn wir in die Langeweile treiben, sondern auch, wenn wir übertreiben. Wie bei dir damals. Dann wird uns schwindelig.

Der Vergleich gefällt mir, vor allem weil Stillstand auch nicht in der Natur des Kreisels liegt. Mir wird öfter gesagt, ich solle einfach mal nichts tun. Aber dadurch habe ich ja nicht weniger Stress. Die Aufgaben bleiben liegen und die Zeit, sie zu erledigen, verkürzt sich. Es wird dadurch also nur stressiger und nicht entspannter.

Arne Völkel: (überlegt) Also für mich als Christ hat das etwas mit Barmherzigkeit zu tun. Ich muss lernen, mir selbst nicht zum Antreiber zu werden. Viele entscheiden sich für die Selbstständigkeit, um den Chef, der ihnen die Akten auf den Tisch knallt, loszuwerden. Doch dann sind sie in der Selbstständigkeit genauso gestresst. Und das hat etwas mit inneren Antreibern zu tun. Solche Antreiber sind zum Beispiel: »Nur wenn ich erfolgreich bin, bin ich gut.« Oder: »Nur wenn ich diesen Auftrag an Land ziehe, hat sich meine Selbstständigkeit gelohnt.« Diese Gedanken müssen wir uns genauer anschauen. In der Regel liegt ein Stückchen Wahrheit darin, aber die Übertreibung führt dann ins Negative.

Du meinst, man sollte sich im eigenen Anspruch auch mal etwas Freiraum geben?

Arne Völkel: Absolut. Ich bin früher immer eine bestimmte Strecke auf Zeit gelaufen. Das hat dazu geführt, dass auch mein Sport, der eigentlich als Ausgleich gedacht war, nur das widerspiegelte, was ich beruflich tat. Ich versuchte, die gleiche Strecke in immer kürzerer Zeit zu schaffen. Zur Selbstbestimmung des Selbstständigen gehört meiner Ansicht nach dazu, nicht alle Faktoren des Berufsalltags selbst definieren zu müssen oder definieren zu wollen und zu wissen, dass das streckenweise gar nicht möglich ist.

Da sprichst du etwas an, das gar nicht so einfach ist. Viele Selbstständige haben ja ganz unterschiedliche Rollen, und da ist es nicht leicht, immer jeder Rolle gerecht zu werden oder mal fünfe gerade sein zu lassen.

Arne Völkel: Da kann es helfen, dir Gedanken darüber zu machen, was du dir eigentlich für Gedanken machst. Eine Möglichkeit wäre, den Mitspielern deines »inneren Teams« am Tisch einfach mal Namen zu geben oder diese unterschiedlichen Stimmen in dir mit Smileys zu beschreiben. Nun kannst du überlegen, was jeder zu sagen hat. Was sagen der traurige, der strenge, der glückliche und der erschöpfte Bastian?

Würde das auch mit meinem inneren »Leitungskreis« gehen?

Arne Völkel: Klar. Dann sitzt da vielleicht der Kassenwart, der Vertriebler oder der Projektleiter. Du würdest vielleicht auch dem Entwickler und dem Abteilungsleiter Gehör schenken. Aber halt gleichberechtigt, ohne dich von der einen oder der anderen Stimme in die Enge treiben zu lassen. Denn niemand am Tisch deines »inneren Leitungskreises« ist ein Spielverderber. Sie sprechen für deine unterschiedlichen Gefühle, Stimmungen und Bedürfnisse. Jede Stimme in dir hat ein begründetes, positives Anliegen. Das herauszuhören, abzuwägen und umzusetzen, ist entscheidend.

Diese Methode passt sehr gut, wenn meine Gedanken Sturm laufen. Gibt es denn Symptome, die mir zeigen, dass ich Tempo rausnehmen muss?

Arne Völkel: Innere Unruhe kann solch ein Warnsignal sein, aber auch Schlaflosigkeit oder bestimmte Träume. Da sind wir alle etwas anders gestrickt. Vielleicht träumst du, dass du etwas suchst und es nicht finden kannst: einen Ort, zu dem du fahren willst, die Schlüssel fürs Auto, oder du möchtest den Koffer packen und weißt plötzlich nicht, wo deine Klamotten sind. Aber es gibt auch körperliche Warnsignale. Schmerzen, nervöse Bewegungen, Zähneknirschen, Nervenzucken, Herzdruck, übereilendes schnelles Reden. Die Kunst ist, solche Signale zwischen all dem Alltagslärm herauszuhören und ernst zu nehmen.

Vielen Dank für das interessante Gespräch!

Das Gespräch mit Arne war erfrischend und besonders drei Fragen sind bei mir hängen geblieben: Wie barmherzig bin ich mit mir? Wie schnell sollte ich mich als Kreisel zukünftig drehen? Und wann habe ich mir das letzte Mal Zeit für mein inneres Team genommen?

Vor allem beim Thema Barmherzigkeit hat sich in mir etwas geregt. Wie bin ich als Chef zu mir? Wenn ich verantwortlich für andere bin, ist es mir sehr wichtig, das Potenzial einer Person realistisch einzuschätzen. Im positiven Sinn zu fordern, ohne zu überfordern. Als mein eigener Vorgesetzter ist dieser barmherzige Umgang mir selbst gegenüber an so manchen Stellen eine Herausforderung. Sicher bin ich nicht der Einzige, der sagen muss, dass das, was der Barmherzigkeit am häufigsten im Weg steht, der eigene Anspruch ist.

Als Angestellter haben wir vielleicht einen Chef über uns, der das Ergebnis unseres Auftrags genau definiert, und dann liefern wir diesem Auftrag entsprechend. Die Gefahr ist hier nicht so stark, sich in perfektionistischen Weiten des entfernt Möglichen zu verlieren, also Zeit und Kraft zu investieren in ein Ergebnis, das außer uns vielleicht niemand so wahrnimmt und wertschätzt wie wir. Sich als Kreisel permanent am Limit des Möglichen zu drehen, ist unnatürlich. Jeder Kreisel verliert an Drehmoment, sobald der Anschwung aussetzt. Und er funktioniert trotzdem.

Etwas, das hilft, das leidenschaftliche Drehmoment zu steuern, ist das sogenannte Pareto-Prinzip. Das Pareto-Prinzip besagt, dass 80 Prozent der Ergebnisse mit 20 Prozent der Zeit oder des Aufwands erreicht werden, während die übrigen 80 Prozent Zeit oder Aufwand nur noch die verbleibenden 20 Prozent des Gesamtergebnisses beeinflussen. Das bedeutet, dass ein Großteil der Anstrengungen, die wir investieren, im Ergebnis kaum einen Unterschied machen. Diese Situation erlebt man immer wieder, zum Beispiel, wenn man an die Arbeitszeit nach der Mittagspause denkt. Ab 14 Uhr kann es schwierig werden, sich für bestimmte Tätigkeiten noch zu motivieren, und so manches Mal verliert man sich in einer Effizienzlosigkeit, in der man nur noch wirbelt, aber nicht mehr wirklich etwas bewegt. Im Nachhinein liegt dann durchaus der Gedanke nahe: »Ich hätte heute eigentlich auch schon um 14 Uhr gehen können.« Dem Nachtmenschen geht es vielleicht genau umgekehrt – am Vormittag schafft er in vier Stunden das, was er am Abend in einer schaffen würde. Ein Gefühl dafür zu bekommen, ab wann man mit welchem Aufwand den Großteil des kritischen Ergebnisses erreicht hat, ist also entscheidend dafür, wie viel Zeit wir mit Umdrehungen verschwenden, die uns nur auspowern, aber nicht wirklich nutzen. Als Führungskraft barmherzig zu sein, bedeutet, genau dieses Gespür zu entwickeln und – und das ist der entscheidende Punkt – auch barmherzig danach zu handeln.

In Bezug auf den eigenen Anspruch ein produktives Maß zu finden und zu halten ist also genau der Faktor, der das Drehmoment unseres Kreisels bestimmt. Mein Gespräch mit Arne macht mir erneut bewusst, warum mein Körper in der Zeit in Amsterdam direkt zum Semesterende meinen Kreisel zum Stillstand brachte. Ich hatte mich nicht mehr nur angetrieben, ich hatte einfach übertrieben. Die Tatsache, dass ich in der Lage war, mich in Höchstgeschwindigkeit und mit permanentem Anschwung um die eigene Achse zu drehen, war noch lange keine Bestätigung dafür, dass es auch sinnvoll war. Als Außenstehender würde man sich darüber wundern, dass diese Erkenntnis so spät kommt. Es erscheint offensichtlich, dass es übertrieben und grenzwertig war. Wenn man selbst in dieser Situation steht, hat man jedoch eine andere Wahrnehmung.

Es muss ja schließlich irgendwie gehen und es geht auch. Vorerst. Das ist vergleichbar mit jemand in einem anstrengenden Job, der neben Überstunden auch nach Feierabend noch Gedankenkunststücke vollbringt, obwohl zu Hause andere Verpflichtungen auf ihn warten. Es muss eingekauft und gekocht werden, die Kinder müssen ins Bett gebracht werden. Der permanente Geräuschpegel und die andauernde Wachsamkeit lassen die Gedanken nicht zur Ruhe kommen, sodass man den noch immer vorherrschenden Schwung des Denktempos gern nutzt, um bei nächtlicher Ruhe etwas zu erledigen, das zuvor nicht möglich war. Doch irgendwann macht der Körper nicht mehr mit. Wie ist das bei Ihnen? Wie gehen Sie mit Ihren Ansprüchen um? Sind Sie barmherzig mit sich selbst?

Als ich einer guten Freundin von diesem Kapitel erzählte, traf ich bei ihr auf besonderes Interesse. Sarah ist Diplom-Psychologin und empfindet ebenso wie Arne und ich, dass das Thema Burn-out bei Selbstständigen besondere Aspekte hat. Sie erzählte mir, dass Selbstständige in der Burn-out-Therapie häufig vor einer besonderen Herausforderung stehen: Sie können ihre körperlichen oder psychischen Leiden nur sehr schwer mit ihrem eigentlich sehr positiven Alltag in Verbindung bringen. Dadurch sehen sie kaum erste Angriffspunkte, um die Situation zu verbessern. Ein Angestellter würde sich erst einmal krankschreiben lassen. Er würde sich auf sein Hobby konzentrieren und nur das tun, was ihm tatsächlich Freude bringt, wo er abschalten kann, er würde Ruhepausen einhalten, um sich bewusst auszubremsen. Und als Selbstständiger? Für jemand, der seine Leidenschaft in seinen Alltagsmittelpunkt stellt, hilft eine Krankschreibung in den wenigsten Fällen, ganz abgesehen davon, dass dann das Einkommen wegbricht. Wenn die eigene Arbeitskraft ausfällt, rüttelt das an der Existenz. Sich auf das zu konzentrieren, was einem Freude bereitet, löst das Problem auch nicht, denn dann würde man einfach weiterarbeiten. Es bleiben die selbst verordneten Ruhepausen oder »Unruhepausen«, je nachdem wie man selbst mit der Pausetaste umgehen kann.

Man sollte meinen, dass man sich besser disziplinieren kann, wenn man bereits solch eine Ausnahmesituation der Kräfte oder, besser gesagt, der fehlenden Kräfte erlebt hat. Aber aus Erfahrung kann ich sagen, dass der Umgang mit der richtigen Geschwindigkeit des Kreisels eine Herausforderung bleibt. Der Drang, etwas Tolles zu schaffen, zu erreichen oder zu kreieren, lässt sich nicht einfach reduzieren.

Das innere Team zu Wort kommen zu lassen, ist dabei tatsächlich eine große Hilfe. Ich habe beispielsweise im Anschluss an mein Gespräch mit Arne an das große Whiteboard im Besprechungsraum einen runden Tisch gemalt und die Männchen, die die Stimmungen symbolisieren, an diesem Tisch verteilt. Nachdem ich zu jedem die typischen Sätze notiert hatte, die mir nervend und manchmal auch laut in den Ohren liegen, habe ich mir einen Kaffee gemacht und mich vor das Whiteboard gesetzt. Während ich meinen Stimmen beim Diskutieren zuschaute, fiel mir etwas Wichtiges auf: Viele von ihnen redeten aneinander vorbei. Der Projektleiter beteuerte, dass er mehr Zeit bräuchte, aber nicht die Ruhe hätte, weil der Buchhalter ihn ständig nerven würde. Der Buchhalter hatte nur ein ganz kleines Anliegen, dass man schnell in einem freien Moment erledigen könnte. Hier sperrte sich aber der Freizeitplaner. Weil die anderen am Tisch schon so viel Stress machen, wollte er die freie Zeit mit Hobbys verbringen.

Mein Kreisel drehte sich also so schnell, dass die einzelnen Rollen am Tisch gar nicht mehr wahrnehmen konnten, wie leicht sich das Gedankenchaos hätte lösen lassen können. Eine Stunde Zeit in die Buchhaltung zu investieren, hätte mich und alle Rollen am Tisch entspannter gemacht. Der Projektleiter hätte niemanden im Nacken gehabt und der Freizeitplaner weniger Stress zu kompensieren. Ich war schon etwas verwundert, wie hilfreich und lohnend es war, in dieses Experiment Zeit zu investieren. Wir investieren so viel in unsere Passion und noch mehr in unsere Selbstständigkeit, dass es bei all dem Kapital, das wir bewegen, all den Entscheidungen, die wir treffen, und der Verantwortung, die wir schultern, eine Farce wäre, nicht in uns selbst zu investieren und sicherzustellen, dass unser inneres Team arbeiten kann, wie es soll, und unser Kreisel Bahnen zieht, die uns glücklich machen und nicht schwindelig.

Wenn Sie an dieser Stelle den Bedarf nach mehr Informationen verspüren, möchte ich Sie dazu ermutigen, den Impuls zu nutzen, dieses Buch zur Seite zu legen und nach anderen Büchern zu den Themen Burn-out oder innere Antreiber zu recherchieren. Mit Sicherheit wird Ihnen das kleine Buch »Ich glaub', ich denk' mich krank!« von Arne Völkel[15] eine gute erste Hilfe leisten, genauso wie »Diagnose Burn-out« von Angela Gatterburg und Annette Großbongardt[16]. Machern wird selten schwindelig. Nehmen Sie sich die Zeit zum Justieren Ihrer Lebensgeschwindigkeit. Sie werden nicht über sich hinauswachsen, wenn Sie den Boden unter den Füßen nicht mehr spüren.

Thinking out of the box

»Macher arbeiten unkonventionell.«

Bisher ging es um die Frage, wie wir Leidenschaft managen und unseren inneren Antrieb so auf den Weg bringen, dass er uns auch tatsächlich ohne Kraftverlust in eine definierte Richtung trägt. Nun drehen wir den Spieß um. Denn die Richtung alleine ist ja nicht alles. Wir wollen schließlich auch ankommen. Es gibt Ziele, die so weit entfernt scheinen oder so anspruchsvoll sind, dass wir manchmal gar nicht wissen, wie wir sie erreichen werden. Vielleicht kommt unserer Planung auch etwas dazwischen, das die so gut organisierte Wegplanung über den Haufen wirft. Es gibt Momente, die verlangen von uns nicht nur die Kunst, zu managen oder zu planen, sondern auch zu improvisieren. In den typischen TV-Serien meiner Kindheit war Improvisation das, worauf erfolgreiche Formate aufbauten.

Das A-Team begann gegen Ende der Folge immer damit, in einer Scheune etwas zu basteln, um die Ganoven trotz Überzahl zur Strecke zu bringen. MacGyver konnte sich mit seinem Taschenmesser, einem Pflaster und Kaugummi aus jeder ausweglosen Situation befreien. Selbst in der Serie Knight Rider war es nicht selten der Sprung durch die Mauer oder über Autos, der im entscheidenden Moment die Rettung brachte. Unkonventionell zu denken und zu handeln, bringt uns in unserer Planung manchmal schneller ans Ziel. Und manchmal kommen wir ohne das Unkonventionelle gar nicht erst an.

Dennoch ist unkonventionell zu denken oder zu handeln für viele Menschen aus den ganz unterschiedlichsten Gründen eine Herausforderung. Umso spannender ist es, dass wir viele Errungenschaften, die wir aus unserem Alltag nicht mehr wegdenken können, besonderen Umständen und unkonventionellen Herangehensweisen verdanken. Ideen, die die Welt verändern oder die einfach nur genial sind, entstehen auf die verrücktesten Arten. Auf drei Arten, um genau zu sein: Man kann sich inspirieren lassen, von der Natur oder durch bereits vorhandene Produkte, man kann eine Entdeckung durch Zufall hervorbringen oder einer konkreten

Idee nachjagen. Bei all dem spielt eines eine wichtige Rolle: unkonventionelles Arbeiten.

Als sich Georges de Mestral 1941 seinen Hund schnappte, um mit ihm spazieren zu gehen, ahnte er nicht, dass dieser Tag eine besondere Weiche in seinem Leben stellen würde. Schon gar nicht, weil das positive Ergebnis, doch zuerst ein Ärgernis für ihn war. Am Ende seines Spaziergangs durch die schöne Natur waren seine Kleidung und das Fell seines Hundes nämlich mit solcher bedeckt. Um genauer zu sein, mit den Samen einer Pflanze namens »Arctium«. Der Schweizer Techniker wunderte sich über die Hartnäckigkeit dieser Samen und untersuchte sie unter seinem Mikroskop. Die winzigen Haken, die er dabei entdeckte und die sich in weichen Fasern besonders fest verhakten, brachten ihn auf eine Idee. Eine Idee, aus der wenige Jahre später der weltbekannte Klettverschluss wurde. Auf Deutsch erinnert sogar sein Name an die Ursprungsidee, denn Arctium heißt auf Deutsch Klette.[17]

Eine der wahrscheinlich bekanntesten Erfindungen, der man ungeplant auf die Spuren kam, hat unsere Medizin stark geprägt. Ein bereits fünfzigjähriger Professor für theoretische Physik experimentierte am 8. November 1895 mit den neu entdecken Kathodenstrahlen und bemerkte, dass dabei in seinem Labor ein auf dem Tisch liegendes Stück Papier zu leuchten begann. Diese »X-Strahlen«, wie er sie von nun an nannte, konnten weiche Materialien durchdringen und man konnte mit ihrer Hilfe Bilder auf Fotoplatten anfertigen. Er begann zu experimentieren und fertigte schließlich erste »Bilder« von einem Jagdgewehr, einem Holzkasten und der Hand seiner Frau an. Seine Entdeckung und die Tatsache, dass er sie der Allgemeinheit zugänglich machte und nicht zum Patent anmeldete, bescherte Conrad Röntgen als erstem Wissenschaftler den Nobelpreis für Physik.[18]

Auch ein Beispiel für einen »Geistesblitz« ist uns geläufiger, als wir denken. Mary Anderson fiel im Winter 1903 auf, dass der Fahrer der New Yorker Straßenbahn immer wieder aussteigen musste, um die Fensterscheibe abzuwischen. Nur wenige Jahre nachdem sie ihre Idee, durch einen Hebel im Inneren des Fahrzeugs die Scheibe zu reinigen, zum Patent angemeldet hatte, wurde der Scheibenwischer in allen Fahrzeugen zum Standard.[19]

Wir sind es gewohnt, Errungenschaften an der Genialität einer Person festzumachen.

Es gibt noch zahlreiche andere Geschichten von Erfindern, die deutlich machen, dass all diese wachen Köpfe eines gemeinsam haben: Sie haben Herausforderungen anders betrachtet und gehandhabt als üblich. Sie haben sich anders verhalten als Kollegen oder Menschen vor ihnen. Sie haben sich getraut, etwas anders zu machen. Diese Feststellung ist wichtig. Grundlegend wichtig sogar. Denn hierüber werden häufig nur wenige Worte verloren. Wir sind es gewohnt, Errungenschaften an der Genialität einer Person festzumachen und weniger an dem Umstand, dass sich dieser Mensch oder diese Menschen getraut haben, unkonventionell zu denken und zu handeln. Unkonventionell zu arbeiten, kann sich lohnen. Völlig egal, ob man eine neue Verschlusstechnik erfindet oder eine alltägliche oder anspruchsvolle Aufgabe lösen muss. Unkonventionell zu arbeiten, machte sogar Schule, als in den Siebziger- und

Achtzigerjahren Unternehmensberater begannen, genau diesem Ansatz einen Namen zu geben: »Thinking out of the box«.

»Thinking out of the box« beschreibt das Einnehmen eher unüblicher Perspektiven, um untypische Lösungswege zu erkennen. Im Kern geht es darum, zu lernen, sich von vorgegebenen Denkweisen zu lösen. Und das ist dringend notwendig. Demonstriert wurde die Notwendigkeit dieser Technik anhand einer einfachen geometrischen Form. Neun Punkte wurden in drei Reihen nebeneinander angeordnet, sodass sie ein Quadrat mit einem Punkt in der Mitte ergaben. Die Aufgabe bestand darin, alle Punkte mit nur vier Strichen miteinander zu verbinden, ohne den Stift dabei abzusetzen.[20] Diese Aufgabe ist für viele Menschen nicht leicht zu lösen, denn viele von uns denken konventionell. Wenn wir versuchen, ein Loch im Boot mit konventionellen Mitteln zu stopfen, können wir ganz schön nass werden. Wer unkonventionell arbeitet, erreicht Ziele schneller und effizienter. Versuchen Sie sich an dieser Aufgabe doch einmal, bevor ich gleich auf die Lösung eingehe.

Der »Thinking out of the box«-Ansatz birgt allerdings eine gewisse Hürde in sich. Ich habe schon »Kreativ-Sitzungen« erlebt, in denen jemand mit dem Stift bewaffnet am Flipchart stand und seine Gruppe anfeuerte, nun Ideen zu produzieren, die vor Frische und Genialität nur so strotzen. Und doch kam nichts dabei heraus. Außer Frustration und der Irrtum, man sei weder kreativ noch in der Lage, anders zu arbeiten, als man es schon tut. Oder die vermeintliche Erkenntnis, dass die aktuelle Arbeitsweise schon die beste sei. Und das, obwohl sich alle so sehr angestrengt hatten. Bevor man das »Denken außerhalb der Box« anwenden kann, muss man sich die Frage stellen, wie die Box überhaupt aussieht, aus der die Gedanken ausbrechen sollen. Der erste Schritt wäre also, zu definieren, wie die typische Arbeitsweise ist. »Wenn wir diese Aufgabe bewältigen müssen, dann machen wir das immer so ...«, »Aufgrund des zeitlichen Drucks versuchen wir immer ...« – So oder so ähnlich könnten die Flipchart-Sammlungen aussehen. Wenn wir nun in die Runde fragen, ob die besagten Lösungswege nicht besser gestaltet werden könnten, passiert etwas Interessantes. In der Regel bekommen wir Zustimmung. Zustimmung gefolgt von den Gründen, die erklären, warum die Dinge so sind, wie sie sind. Und – herzlich willkommen – schon sind wir da. Wir sind am Rand unserer Box angekommen und das gedankliche Herausklettern kann beginnen.

Konnten Sie die neun Punkte miteinander verbinden? Ich konnte es nicht, als mir die Aufgabe zum ersten Mal gestellt wurde. Wenn Sie sich anschauen, wie diese Aufgabe gelöst werden kann, wird es ihnen wie Schuppen von den Augen fallen. Sie werden sich fragen, warum Sie nicht selbst auf die Lösung gekommen sind. Mir persönlich führt die Aufgabe zweierlei vor Augen. Zum einen zwingen wir uns dazu, mit dem Strich nicht über die Box hinauszugehen, als hätte uns jemand genau diese Anweisung gegeben. Als wäre es eine unausgesprochene Erwartung an uns, die Aufgabe genau auf diese Weise zu lösen. Zum anderen brechen wir bei neun Punkten nur zweimal minimal aus der Box aus, um an unser Ziel zu kommen. Wir stellen nicht alles infrage, wir passen unsere Arbeitsweise nur minimal an. Ich kann mir vorstellen, dass so mancher innerlich ganz unruhig wird, wenn er hört, dass ab jetzt auch unkonventionell gearbeitet werden darf und soll, weil er das große Chaos sieht. Unkonventionell zu arbeiten, bedeutet aber nicht, alles Gelernte über den Haufen zu werfen und alle Prozesse zu ändern. Es bedeutet häufig, in einzelnen, auch kleinen Aspekten flexibel zu sein. Vielleicht in Bezug auf den Ort, die Zeit, die Arbeitsmittel, die Gesprächspartner oder unter Umständen in Bezug auf das Ergebnis. Die Rahmenbedingungen flexibel zu halten, hat einen starken Einfluss auf unsere Problemlösungen und Arbeitsweisen. Microsoft ist eines der Unternehmen, die unkonventionelles Arbeiten fördern möchten, um das Potenzial, das im Unternehmen schlummert, bestmöglich zu nutzen. Typische Schreibtische und Büros gibt es im Unternehmen kaum noch. Stattdessen wählt man das Arbeitssetting oder die Arbeitszone entsprechend der jeweiligen Aufgabe: »Accomplish« steht für Einzelarbeit am Tisch oder Laptop, »Converse« für Teamarbeit in Projekträumen, »Think« bedeutet kreativer Rückzug in eine bibliotheksartige Umgebung, »Share and discuss« effiziente Interaktion. Manche Mitarbeiter wählen morgens einen Arbeitsplatz, der zu ihrer aktuellen Aufgabe passt, und bleiben dort den ganzen Tag über, andere wechseln nach ein paar Stunden in einen anderen Bereich.[21]

Die Lösungen für Aufgaben, die auf unserem Schreibtisch liegen, entwickeln sich eben nicht nur, wenn wir an diesem sitzen.

Isaac Newton, einer der größten Wissenschaftler aller Zeiten, arbeitete am liebsten im Garten und nicht in seinem Labor, der Regisseur Woody Allen bekommt angeblich seine geistigen Ergüsse während des Rasierens[22] und Erich Kästner schrieb seine Texte vor allem in Cafés, um sich inspirieren zu lassen[23]. Es geht also gar nicht darum, einfach so zu arbeiten, wie einem der Kopf steht. Es geht darum, seine Stärken einzusetzen. Jemand, der erfolgreich ist, gibt seiner Stärke Raum. Unkonventionell zu arbeiten, bedeutet, zu wissen, wie, wann und wo man seine Stärken am besten zur Entfaltung bringen kann. Ich habe in der Vergangenheit das Glück gehabt, gefragt zu werden, was ich brauche, um meine Aufgaben am besten zu erfüllen. Was brauchen Sie? Was brauchen Ihre Mitarbeiter? Die richtige Ausstattung und Freiheit zur Hand zu haben, um die Gedanken aus der Box klettern zu lassen, kann von großer Bedeutung sein.

Wie sonst sollen wir damit umgehen, wenn wir eine Aufgabe mit herkömmlichen Methoden nicht lösen können? Wenn nach uns als fachlicher Führungsverantwortlicher, als Vorstand oder Unternehmer niemand mehr kommt?

Über dieses Thema habe ich mich mit Andreas unterhalten, denn er und seine Kollegen müssen häufig kreativ und unkonventionell arbeiten, um ihre Ziele zu erreichen. Andreas und seine Kollegen retten keine Unternehmen, sondern Geiseln. Denn Andreas, dessen Name geändert ist, ist SEK-Beamter und arbeitet seit zehn Jahren in einer Spezialeinheit der Polizei. Unkonventionell zu arbeiten, ist eine wichtige Fähigkeit, die die Arbeit von Andreas und seinen Kollegen prägt. Mich hat interessiert, wie man mit diesem Thema umgeht, wenn die Ergebnisse nicht, wie in der Wirtschaft, leicht beschönigt werden können.

Ein Kollege von dir hat in einer Dokumentation einmal gesagt: »Wir kommen, wenn nichts mehr geht, und wenn wir gehen, ist die Lage beendet.« Das ist eine krasse Aussage. Ihr ahnt ja manchmal gar nicht, was auf euch zukommt, und wisst trotzdem: »Nach uns kommt keiner mehr.« Wie geht man damit um?

Andreas Stein: Erstaunlich gelassen. Meiner Erfahrung nach spielt dieses Gedankenkonstrukt »Nach uns kommt keiner mehr« keine Rolle. Faktisch ist es zwar so, es gibt dann halt nichts mehr, aber ich glaube, in der Vielzahl der Köpfe der Spezialeinheiten überwiegt die Überzeugung: »Wir kriegen das hin.« Dafür trainieren wir letztlich auch permanent. Das ist allein schon zwingend erforderlich, um die Fertigkeiten wachzuhalten. Oft vergessen die Leute, dass bei jedem von uns Spezialfunktionen hinzukommen, die gesondert trainiert werden und die Kollegen zusätzliche Wochen pro Jahr aus dem Geschehen heraushalten. Präzisionsschützen sind dafür ein bekanntes Beispiel. Wir trainieren also wirklich sehr viel. Trotzdem macht sich da keiner etwas vor, wir wissen, dass wir, je nach Szenario, nicht immer ohne Schaden da rausgehen können. Aber am Ende des Tages muss die Lage beendet sein und das ist sie auch.

Du hast gesagt, ihr trainiert, um eure unterschiedlichen Fertigkeiten wachzuhalten. Wie wichtig sind unkonventionelle Herangehensweisen dabei für euch?

Andreas Stein: Wenn es irgendwie geht, dann versuchen wir, das Überraschungsmoment zu nutzen. Da ist natürlich Kreativität gefragt. Unsere Herangehensweise ist grundsätzlich immer so ausgerichtet, dass wir sagen: »Nichts ist per se unmöglich.« Dann muss man in Abhängigkeit von der Lage, den Umständen, dem Objekt prüfen, was tatsächlich realistisch umsetzbar ist. Die Idee, mit einem schweren Fahrzeug eine Wand einzurammen, ist nicht neu, die Mittel dafür gibt es, aber das heißt nicht, dass es jedes Mal gemacht werden kann oder gemacht wird. Unkonventionell sein ja, aber natürlich immer verhältnismäßig.

Das hört sich für Außenstehende tatsächlich etwas unkonventionell an (lacht). Wenn Angestellte in der freien Wirtschaft Probleme auf so unüblichen Wegen lösen wollten, würde man sie sicher sehr schnell an ihre Grenzen erinnern, statt sie dies überwinden zu lassen.

Andreas Stein: (überlegt) Das ist bei uns nicht so ausgeprägt. Wenn wir angefordert werden, dann gibt es immer einen Polizeiführer, der den Hut für alles aufhat und dann auch die Entscheidung trifft, ob zugegriffen wird oder nicht. Der Polizeiführer hat nicht immer von Beginn an ein klares Bild von dem, was wir leisten können oder was nicht. Er weiß aber, dass wir für den Zugriff da sind und ihn auch durchführen werden. Dafür ist er sehr dankbar, er ist froh, wenn er weiß, dass er irgendwann die Zielperson übergeben bekommt. Den Weg dorthin können wir uns bunt gestalten. Da sind wir wieder beim Thema Kreativität. Aber ich habe eigentlich selten erlebt, dass aus Sicht des Polizeiführers Bedenken geäußert wurden. Natürlich nutzen wir wiederkehrende Schablonen, aber außergewöhnliche Situationen auf unübliche Weise zu lösen, bringt uns, was unkonventionelles Arbeiten angeht, eigentlich häufig ans Ziel.

Ich kann mir vorstellen, dass ihr in solchen außergewöhnlichen Situationen eure Gedanken unter Kontrolle bringen müsst. Dem Kopf zu erlauben, unkonventionell zu arbeiten, ist nicht leicht. Bei all den Etappen, die zwischen dem Ausrücken und dem Zugriff liegen, gibt es sicher zahlreiche Momente, in denen andere sagen würden: »Ich halt das nicht aus, ich muss hier weg.«

Andreas Stein: Die Kopfsache ist tatsächlich ein ganz wichtiger Faktor. Ich trainiere das mit den Jungs auch ganz gern im Wasser. Wir machen zum Beispiel Tauchübungen, wo sie unter Wasser Aufgaben lösen oder etwas bauen müssen. Gerade die jungen Kollegen sind topfit und könnten bis zu drei Minuten ohne Folgeschäden unter Wasser bleiben. Das schafft aber keiner von denen, weil sie es einfach nicht wissen. Doch im Einsatz wirst du auch immer wieder an Punkte kommen, wo dein Kopf dir sagt: »Wow, das ist jetzt kitzelig.« Man sollte potenzielle Gefahren nicht kleinreden, aber man sollte sich davon auch nicht einfangen lassen.

Wie ist das, wenn du merkst: »Jetzt wird's kitzelig«? Als Beamter einer Spezialeinheit gehst du ja permanent über deine Grenzen. Erinnerst du dich an einen Moment zu Beginn deiner Karriere, wo du gemerkt hast: Genau hier wachse ich durch meine Leidenschaft über mich hinaus beziehungsweise in den Job hinein?

Andreas Stein: Absolut. Das Fast-Roping, also das »Abseilen« an einem dicken Seil, wo man nur noch mit Kraft seiner Hände und Füße runterrutscht, war bei mir am Anfang so ein Moment. Das kostet natürlich Überwindung, wenn man sich zwanzig Meter über dem Boden, mit Ausrüstung am Hubschrauber hängend, über die Kufe hinweglehnen muss, um das Seil zu ergreifen. Da muss man erst mal herangeführt werden. Mit viel Übung und dadurch, dass man durch die Leidenschaft im Training dahingepusht wurde, ist der Puls im Einsatz dann in Balance. Generell den Job mit Leidenschaft zu machen, ist wichtig, allein schon im Training. Wir versuchen, das so realistisch, wie es geht, darzustellen. Dazu gehören auch Beobachter, die einem nach Übungsende knallhart Feedback geben. Und da bekommst du sehr schnell zu spüren, ob du mit Leidenschaft in den Durchgang gegangen bist oder eher »halb gar«, weil du nicht ganz bei der Sache warst. Wenn man keine Leidenschaft empfindet oder sie nicht koordinieren kann, dann macht man Dinge weniger gut.

Fühlt sich dein Job denn so an, wie er auf viele wirkt? Man könnte sagen, immer wenn man euch wahrnimmt, rettet ihr die Welt. Passt das?

Andreas Stein: Die Welt retten würde ich so nicht sagen. Wie wir arbeiten, wirkt auf andere bestimmt unkonventionell und ist es an einigen Stellen sicher auch, aber in erster Linie bleibt es ein Mittel, um unsere Ziele zu erreichen. Und das muss nicht bedeuten, dass man jedes Mal die Welt rettet. Manchmal planst du, bist kreativ, schleppst all das Zeug ins Auto und letztlich endet dein Beitrag zum gesamten Wohnungssturm in der Sackgasse eines Gästebades. Solche Momente gibt es natürlich, aber auch das gehört dazu. In erster Linie steckt da viel ideelle Motivation hinter. Wir verdienen nicht mehr als viele unserer Kollegen bei der Polizei und unsere Arbeit ist auch nicht wichtiger als die der anderen. Wenn die Kollegen einen Sachverhalt nicht ermitteln können oder einen Fingerprint nicht finden, können wir die Zielperson auch nicht festnehmen. Wir versuchen halt, jeder für sich beziehungsweise im Team stärkenorientiert unsere Aufgaben zu lösen.

Vielen Dank für das interessante Gespräch!

Nach unserem Gespräch war ich fasziniert. Nicht nur, weil ich Andreas' Job spannend finde, sondern, weil wir »Nicht-Elitepolizisten« viel von ihm und seinen Kollegen lernen können. Auch beim SEK geht es darum, seine Stärken zu kennen und zu fördern, sie einzusetzen, ihnen zu vertrauen und kreativ zu werden.

Seine Fähigkeiten zu kennen, zu trainieren und wachzuhalten, ist keine Selbstverständlichkeit. Bei manchen beginnt die Herausforderung bereits mit der Frage danach, welche Fähigkeiten er überhaupt hat. Manch einer hat sich noch nie konkrete Gedanken darüber gemacht, sich vielleicht auch nicht getraut, über die eigenen Stärken zu sprechen. Falsche Bescheidenheit oder mangelndes Selbstbewusstsein lenken uns ganz leicht davon ab, die eigenen Stärken wahrzunehmen und festzuhalten. Über Kompetenzen spricht man lieber. Und doch ist beides nicht dasselbe. Kompetenzen helfen uns dabei, charakterliche Umrisse eines Menschen zu sondieren. Ist er oder sie für eine bestimmte berufliche Herausforderung geeignet? Kompetenzen sind Voraussetzungen, Stärken sind notwendige »Extras«. Man könnte auch sagen: Kompetenzen qualifizieren uns für einen Wettkampf, Stärken entscheiden darüber, wie wir ihn gewinnen. Wenn wir über Stärken sprechen, dann sprechen wir über Eigenschaften, die uns besonders machen, die uns auszeichnen, selbst wenn sie etwas aus dem Raster fallen. Also Eigenschaften, die eben untypisch sind – unkonventionell.

Kompetenzen qualifizieren uns für einen Wettkampf, Stärken entscheiden darüber, wie wir ihn gewinnen.

Eine Stärke von Georges de Mestral, dem Erfinder des Klettverschlusses, war sicherlich seine Neugier. Die Stärke von Conrad Röntgen seine Aufmerksamkeit. Und Mary Anderson zeichnete sich durch Kreativität und Empathie aus – oder haben wir es ihrer Ungeduld zu verdanken, dass Straßenbahnfahrer heute nicht mehr aussteigen müssen, um ihre Scheiben trocken zu wischen?

Vielleicht programmieren Sie als Programmierer besonders effizient, wenn Sie eine bestimmte Musik hören, oder Sie können Vorträge besonders bemerkenswert gestalten, indem Sie Ihren gewinnenden Humor einbinden. Vielleicht sind Sie auch in Ihren holländischen Holzschuhen besonders kreativ. Stärken helfen, Ziele besonders gut zu erreichen. Und das in vielen Fällen unkonventionell.

Stärken müssen allerdings auch trainiert beziehungsweise genutzt werden. Spezialeinheiten entscheiden kritische Situationen für sich, weil sie unkonventionelle Herangehensweisen im Schlaf beherrschen und nicht erst dann kreativ werden und herumprobieren, wenn die Aufgabe es von ihnen verlangt. Aus Andreas' Sicht ist sein »Einsatz« Alltag. Auch die Erfinder und Entdecker, die ich zu Beginn des Kapitels vorgestellt habe, waren erfolgreich, weil ihnen unkonventionelles Handeln nicht neu war. Sie waren es gewohnt, außerhalb ihrer Box zu denken, eine Frage mehr zu stellen als die Kollegen und auch verrückten Ideen eine Chance zu geben. Das Schwierige ist, sich zu trauen, anders zu sein. Den Mut zu haben, etwas anders zu handhaben als andere. Und auch an einer Idee dranzubleiben, wenn man selbst zu seinem größten Kritiker wird. Seine Stärken einzusetzen, kann auch unangenehm werden. Etwas, das mich in solchen Momenten motiviert, ist die Geschichte vom Bau der Arche. Noah bekommt von Gott gesagt, er solle ein

Schiff bauen, um einer drohenden Sturmflut zu entgehen. Und so beginnt Noah mit dem Bau der weltweit bekannten Arche. Die Ausleger gehen davon aus, dass der Bau viele Jahrzehnte dauerte.[24] Jahre, in denen Noah unzählige Male damit konfrontiert wird, dass er ein Riesenschiff mitten auf dem Land baut, ohne eine Chance, es jemals zum Wasser ziehen zu können. Für andere war das nicht unkonventionell, sondern dämlich. Einfach nur dumm. Ich habe mir den kompletten Text dieser Bibelgeschichte auf ein Poster gedruckt und als Bild in mein Büro gehängt. Es erinnert mich an etwas ganz Wichtiges: Manche Stärke ist extrem unkonventionell, extrem unpopulär, in manchen Augen extrem dumm und am Ende dennoch überlebenswichtig. Vor allem aber kommt Stärke oft in einem ungewöhnlichen Gewand daher.

Die große Herausforderung ist es, sich zu trauen, unkonventionell zu arbeiten, und es zu erlauben. Erlauben Sie Ihrem Angestellten unterm Tisch die holländischen Holzschuhe zu tragen, wenn er dadurch als Architekt ganz besonders kreativ wird? Erlauben Sie es sich, ab und an, die Kopfhörer aufzusetzen, wenn sie sich dadurch wesentlich besser konzentrieren können? Es gibt so viele unausgesprochene »Gesetze«, die uns davon abhalten, unsere Stärken zu nutzen, dass wir gar nicht darüber nachdenken, unseren Strich minimal über die Box hinauszuziehen, um alle Punkte, die man uns vorgibt, zu erfüllen. Trauen Sie sich! Es funktioniert.

»Nichts ist per se unmöglich« – diese Worte von Andreas beschreiben das sehr gut. Welch starke Aussage! Oft fühlen wir uns stark an irgendwelche Vorgaben gebunden, selbst wenn sie unausgesprochen bleiben. Im Gegensatz zu vielen Verantwortungsträgern in der freien Wirtschaft fällt es den Beamten vom Sondereinsatzkommando recht leicht, so etwas zu sagen, denn es wurde ihnen nicht nur erlaubt, sondern zur Aufgabe gemacht. Aber was bedeutet »Nichts ist per se unmöglich« in unserem Kontext? Wir werden uns sicherlich nicht vom Dach abseilen oder mit einem gepanzerten Wagen Wände durchbrechen. Mir persönlich fällt es nicht leicht, eine Antwort hierauf zu formulieren, ebenso wenig wie Andreas im ersten Moment. Für Andreas ist das, was wir Außenstehende für außergewöhnlich halten, Routine. Genauso geht es mir als Selbstständiger. Ich habe einige Tage gebraucht, um festzustellen, was unkonventionelles Arbeiten für mich ganz konkret bedeutet. Entdeckt habe ich zu meiner Überraschung viele Kleinigkeiten, Arbeitsweisen, die mir an mir selbst gar nicht mehr auffallen, weil ich diese antrainierten Schablonen, wie Andreas sagen würde, schon sehr lange nutze.

Leidenschaftlich zu managen bedeutet, dem Weg zum Ziel mehr Individualität zu geben und die Verhältnismäßigkeit mit Freude auszuschöpfen.

In meinem Fall bedeutet unkonventionelles Arbeiten, für jede Aufgabe die passende Umgebung oder das passende Arbeitsmittel zu haben, manchmal auch die passende Kleidung, fast wie bei Microsoft. Allerdings gebe ich den »Settings« keine Namen. Als visueller Typ hilft es mir, Sachverhalte aufzumalen, miteinander zu verbinden und zu ergänzen. Daher stehe ich fast wie automatisiert vom Schreibtisch auf, wenn es darum geht, konzeptionell oder strategisch etwas zu schaffen, und gehe nach nebenan in den Besprechungsraum. Ein routinierter Druck auf den Knopf der Kaffeemaschine und schon stehe ich an den beiden Whiteboards, um dann in dreißig Minuten mehr Fortschritte zu machen als am Schreibtisch in zwei Tagen. Wenn ich merke, dass ich in einer Angelegenheit keinen passenden Gedanken finde, schreibe ich mir meine Aufgaben in mein Handy und nehme sie mit zum Sport. Der Besprechungsraum ist zudem nicht nur der Ort der Whiteboards, sondern auch der Buchhaltung. Das liegt an dem großen Tisch, auf dem ich mich ausbreiten kann, und dem Wissen, dass der Raum nach einer gewissen Zeit wieder frei sein sollte, ich von der Arbeit also tatsächlich nichts liegen lassen kann. Das Gespür für den passenden Ort, um eine Aufgabe zu erledigen, ist bei mir sehr ausgeprägt. So wusste ich recht schnell, dass ich Texte, wie die für dieses Buch, nicht an meinem Schreibtisch schreiben kann. Daher sitze ich beim Schreiben oft im Sessel unseres Wohnzimmers, auch jetzt. Das liegt vermutlich daran, dass ich in dem Sessel sonst selten arbeite und er mir das Gefühl gibt, mich hier vor allem anderem drücken zu können, als würde eine Glasglocke den Sessel bedecken, wenn ich darin sitze. Mein Kleidungsstil hilft mir ebenfalls, stärkenorientiert und vielleicht auch etwas unkonventionell zu arbeiten. Interessanterweise kleide ich mich wesentlich seriöser, wenn ich eher seriöse Aufgaben erledige, selbst wenn mich niemand sieht. Auch das hilft mir, mich zu konzentrieren. Und ja, ich gebe es zu, ich höre teilweise merkwürdige Musik. Musik hilft mir, einen Rhythmus zu finden und kreativ zu sein. Wenn ich also etwas Stupides abarbeiten muss, hilft mir Neunzigerjahre-House-Musik durch den regelmäßigen Beat, meine Gedanken nicht schweifen zu lassen, und lässt mich konzentrierter und schneller arbeiten. Anders ist das, wenn es um das Kreieren von emotionalen Brandings oder Kampagnen geht. Dann können Musicals beispielsweise ganz gut dabei helfen, die kreativen Gedanken zu lockern. Etwas peinlich vielleicht. Aber ich hatte ja bereits erwähnt, dass Stärken in den Augen anderer für ein Schmunzeln sorgen können. Und für mich sind solche Musikrichtungen fast wie ein Arbeitsmittel. Wenn Sie und ich uns einmal treffen, dann erzählen Sie mir einfach, welche vermeintlich peinliche Stärke Sie zur Hochform auflaufen lässt, und wir sind quitt.

Wäre ich eine Spezialeinheit und müsste eine Kampagne für Sie retten, wäre meine Strategie also nicht »abseilen und durchs Fenster springen«, sondern große Whiteboards, Musik, lockere Klamotten und guter Kaffee. Ich müsste nicht groß überlegen. Ich wüsste, dass mein unkonventionelles Arbeiten mich ans Ziel bringt. Leidenschaftlich zu managen bedeutet, dem Weg zum Ziel mehr Individualität zu geben und die Verhältnismäßigkeit mit Freude auszuschöpfen. Nur aus diesem Grund können Start-ups überhaupt funktionieren. Sie entstehen aus einer unkonventionellen Idee, wachsen organisch entlang der Neugier, des Eifers und des Erfolgs und machen vor allem eins: Sie üben tauchen. Genauso wie die Jungs der Spezialeinheit, die sich mit Aufgaben unter Wasser den drohenden Gedanken der Atemnot stellen und merken, was in ihnen steckt. So mancher Macher muss genauso wenig um Luft ringen, wenn es für andere Unternehmer unter Druck schon eng wird, weil er es geübt hat, Situationen unkonventionell zu betrachten. Macher arbeiten unkonventionell. Nicht, weil sie es müssen, sondern weil sie einfach so ticken. Sie haben für sich entdeckt, dass es häufig mit einer simplen Aussage belohnt wird, wenn sie ihrer eigenen Stärke mehr Raum geben, und sei es nur, indem sie den gemalten Strich ein bisschen länger ziehen, um alle Punkte zu erfüllen. Diese Aussage lautet: Es geht. Und zwar außergewöhnlich gut.

Kleinigkeiten bewegen Großes

»Macher lieben Details.«

Morgen ist es wieder so weit: Die Grillsaison beginnt. Zumindest für meine Frau und mich. Freunde haben uns eingeladen, ihren neuen Grill mit ihnen auszuprobieren. Nach langem Hin und Her können wir Rita und Björn davon überzeugen, dass wir morgen nicht mit leeren Händen auftauchen. Also mache ich mich schon einmal auf den Weg zum Supermarkt unseres Vertrauens, um die angepriesenen Hände zu füllen. Der Laden ist voll, kein Wunder bei diesem Wetter. Etwas ermüdet von der langen Schlange an der Kasse lege ich, innerlich seufzend, meinen Einkauf aufs Band. Da erblicke ich jemanden, der meine Laune schlagartig anhebt. Meine Lieblingsverkäuferin sitzt an der Kasse, nennen wir sie einfach Frau Sonnenschein. Frau Sonnenschein ist Anfang zwanzig, blond und ihre großen Augen strahlen, wenn sie Sie begrüßt. Während Verkäufer in anderen Geschäften die Waren manchmal über den Scanner schieben, als wären sie gedanklich weiter von den Kunden weg als ich von meinen morgigen Steaks, strahlt Frau Sonnenschein echte Freundlichkeit aus, sie ist »anwesend« und aufmerksam. Man spürt ihr ab, dass sie ihren Job mit Leidenschaft macht. Das erfrischt. Jedes Mal aufs Neue. »Da liebt jemand Lebensmittel«, denke ich bei mir und überlege: »Manchmal sind es halt die Kleinigkeiten, die große Wirkung haben.«

Trotzdem machen wir uns über diese Kleinigkeiten häufig wenig Gedanken. Zumindest behaupten wir das ab und an gern: »Es sind ja nur Kleinigkeiten.« Aber wenn Sie ehrlich zu sich selbst sind, stellen Sie fest, dass Ihnen gerade die Kleinigkeiten Grund geben, sich zu freuen oder zu ärgern. Sie freuen sich, wenn Ihnen jemand die Tür aufhält, wenn Sie im Fitnessstudio herzlich begrüßt und verabschiedet werden oder Ihr Partner den Müll rausträgt. Gefühlt schlimmer ist meistens das, was uns ärgert. Zum Beispiel, wenn die Nachbarstochter mal wieder glaubt, ihr Cabrio verfüge über einen unsichtbaren Schutzschild, der laute Musik wie von Geisterhand in afrikanisches Grillenzirpen verwandelt. Vielleicht ärgert es Sie auch, wenn Ihr Partner den Müll mal wieder nicht rausgebracht hat. Wenn wir ehrlich sind, sind es Kleinigkeiten, die unsere Emotionen bewegen. Dass es doch eigentlich nur Kleinigkeiten sind, sage ich meiner Frau manchmal auch, wenn sie mich emotional auf den Müll anspricht. Hilft mir nur nicht.

In unserem Leben geht es in den meisten Fällen um Kleinigkeiten. Kleinigkeiten entscheiden. Es ist der berühmte Tropfen, der das Fass zum Überlaufen bringt, oder das Zünglein an der Waage, das die Mücke zum Elefanten macht. Wenn wir diese Gedanken einmal sacken lassen, stellen wir fest: Es sind vielleicht nur Kleinigkeiten, aber sie sind bedeutender, als wir denken. Hier würde meine Frau nun wiederum zustimmen. Egal, ob es um Kindererziehung geht oder um politische Konfliktgespräche zweier Weltmächte: Ein kleines Wort, eine kleine Geste oder eine kleine Formalität können darüber entscheiden, wie erfolgreich wir sind oder wie tief wir hinter unseren Erwartungen zurückbleiben.

Bei Ihrem Engagement, egal, ob beruflich oder privat, kann der Blick für Details entscheidend sein. Von dem amerikanischen Footballtrainer Jimmy Johnson stammt ein Satz, der sich in seinem Wortwitz nur schwer ins Deutsche übersetzen lässt: »The difference between ordinary and extraordinary is that little extra.« Zu Deutsch: »Der Unterschied zwischen gewöhnlich und außergewöhnlich ist dieses kleine Extra (die Vorsilbe ›außer‹, englisch ›extra‹).« Ich finde diese Aussage großartig, denn sie bringt auf den Punkt, dass es nicht unbedingt viel braucht, um aus etwas Durchschnittlichem etwas Besonderes zu machen. Sie macht deutlich, dass Eigenschaften, so unscheinbar sie auch wirken mögen, großen Einfluss auf das Gesamtbild haben. Macher, die Großes bewegen, schaffen es, diesem kleinen Extra Aufmerksamkeit zu schenken. Sie wissen genau, was ihr persönliches »kleines Extra« ist. Macher nutzen das Besondere. Genauso wie der neue Biolebensmittel-Markt an der Ecke, der bewusst auf Verpackungen verzichtet und sich dadurch aufmerksamkeitsstark von anderen Läden unterscheidet. Ich kenne eine junge Frau, die Kissen näht und dabei ein Detail verändert. Ein Entscheidendes. Ihre Kissen haben in der Mitte ein Loch, in das man Getränke stellen kann. Dieses sogenannte »Bierkissen« ist besonders genial, wenn man das Getränk gern auf der Couch neben sich stehen haben möchte, weil man sich nicht mehr gut vor- und zurückbeugen kann oder der Tisch zu weit weg steht.

Egal, wie Sie es drehen und wenden: Kleinigkeiten, die noch so unkritisch scheinen, können aus etwas Gewöhnlichem etwas Außergewöhnliches machen.

Ihnen fallen bestimmt noch zahlreiche Unternehmen oder Produkte ein, die Sie wegen ihrer Details sehr schätzen. Ein Detail, das in meinem Alltag eine überraschend wichtige Rolle eingenommen hat, ist meine Visitenkarte. Sie ist wesentlich dicker als üblich und so stabil, dass man sie nicht biegen kann. Die Gestaltung hebt sich ebenfalls von der Masse ab, denn Text und Bild sind nicht einfach aufgedruckt, sondern mit einer traditionellen Drucktechnik in das Material hineingeprägt. Und weil die Karte etwa zwei Millimeter dick ist, hat sie einen roten Farbschnitt, das heißt, der Rand selbst hat noch einmal eine andere Farbe. Die Details machen sie außergewöhnlich. Und dieses Besondere hilft mir ungemein. Die Karte lässt mich in Bezug auf den Wettbewerb herausstechen und unterstreicht den Anspruch, den ich an Qualität habe. Mein Gegenüber bemerkt, dass die Karte etwas Besonderes ist, und schöpft automatisch Vertrauen in meine Arbeit. Aufgrund ihrer Dicke droht die Karte auch nicht in einem Visitenkartenetui zwischen hundert anderen unterzugehen. Ich habe sogar Folgetermine erlebt, bei denen die Karte noch nach Wochen auf dem Schreibtisch des Kunden lag, fein säuberlich aufgereiht zwischen Stifteköcher und Tischuhr. Und all das nur wegen dieser Kleinigkeiten – dem »kleinen Extra«.

Macher nutzen das Besondere und das mit besonderer Leichtigkeit. Denn wer etwas mit Leidenschaft tut, dem ist auch daran gelegen, seine Aufgabe möglichst hervorragend zu erfüllen. Kleine Extras, die im Ergebnis einen großen Unterschied machen, wirken dabei wie Bonus-Punkte bei Super Mario. Sie sorgen für extra »Lebenskraft«. Aber wie bei allem gibt es auch hier eine Schattenseite. Durch Details kann man wachsen, man kann sich jedoch auch darin verlieren. Eine übertriebene Akribie kann aufhalten und mit der Zeit die heißeste Leidenschaft abkühlen.

Das Besondere zu nutzen, ist für professionelles Marketing das A und O.

Aber auch für uns persönlich entscheiden Kleinigkeiten darüber, wie gut oder schlecht wir durchs Leben kommen, ob wir aus der Masse herausstechen und ob man das, was unseren Charakter ausmacht, auch erkennt. Kleinigkeiten können Wertschätzung ausdrücken, beispielsweise wenn wir unserem Kollegen unaufgefordert einen Kaffee bringen. Und letztlich prägen Kleinigkeiten bei unseren Mitmenschen auch die Erwartungshaltung, die man an unsere Arbeit formuliert und die somit unser berufliches Vorankommen steuert. Egal, wie Sie es drehen und wenden: Kleinigkeiten, die noch so unkritisch scheinen, können aus etwas Gewöhnlichem etwas Außergewöhnliches machen. Dieses kleine Besondere zu nutzen, macht erfolgreich. Oder zumindest erfolgreicher.

Es ist bewundernswert, mit welcher Leichtigkeit, Energie und Aufmerksamkeit der Inhaber meiner Lieblingseisdiele mit dem Trockentuch über der Schulter seine Gäste bedient. Man könnte meinen, er gäbe ein Seminar für Nachwuchseisdielenmanager. Gleiches gilt für den Kollegen, der mit seiner jungen Firma meine Visitenkarten druckt. Es ist faszinierend, mit welcher Präzision er den Druck vorbereitet, das Papier millimetergenau einlegt und die alte Heidelberger Druckmaschine so lange justiert, bis das Ergebnis der Probedrucke seinen Erwartungen entspricht.

Ähnlich ergeht es mir mit Peter. Er hat einen faszinierenden Job. Als wir uns vor vielen Jahren kennengelernt haben, war er gerade dabei, eine Firma zu gründen, die Crews von Luxusjachten trainiert. Inzwischen schult die »Luxury Hospitality Academy« Crews von Milliardärsjachten und prägt den anerkannten Marktstandard. Peter und sein Team leben von Details. Von dem kleinen Extra, das das Gewöhnliche außergewöhnlich macht. Und von der Herausforderung, Leidenschaft in anderen zu wecken, die diese in ihrem Job noch nicht leben. Ich wollte von Peter wissen, wie er nach all den Jahren, die er mit Details und dem »kleinen Extra« verbracht hat, heute darüber denkt.

PETER VOGEL
CEO, LUXURY HOSPITALITY ACADEMY

Peter, wir kennen uns jetzt schon seit mehr als zehn Jahren und du arbeitest noch immer mit der gleichen Leidenschaft in dem Bereich »Exzellenz im Service«. Ich weiß, dass Leitung ein sehr wichtiger Aspekt in deinem Job ist. Wie würdest du beschreiben, was du machst?

Peter Vogel: (überlegt) Jeder glaubt zu wissen, was er tut, aber keiner weiß es genau. Leitung kann sehr trickreich sein. Das Managen von Menschen ist das eine, das Managen von Prozessen etwas ganz anderes. Menschen dorthin zu führen, dass sie in dem, was sie tun, die beste Version von sich selbst werden, das ist die Vision, die ich damals gehabt habe und heute immer noch ansteuere.

Soweit ich weiß, geht es in der Luxusindustrie, vor allem im Service, um Details. Ich stelle es mir schwierig vor, zwischen all diesen detaillierten und definierten Regeln Platz für meine Persönlichkeit zu finden. Siehst du diesen Spannungsbogen zwischen »den Plan beachten« und »meine Persönlichkeit einsetzen« auch?

Peter Vogel: Ich könnte jemandem beibringen, etwas genau so zu machen, wie ich es gern gemacht haben möchte. Aber wir glauben nicht, dass das sinnvoll ist. Wir glauben, dass es besser ist, jemandem die richtige Einstellung beizubringen. Wenn ich nämlich jemanden in seiner Denkweise trainiere, dann bringe ich dem Einzelnen nahe, welches Gefühl seine oder ihre Handlungen bei anderen Menschen auslösen. Wenn jemand die Auswirkungen seiner Handlungen erst mal verinnerlicht hat, wird er auch zukünftig immer darüber nachdenken können.

Also geht es gar nicht nur um das Auswendiglernen von einzuhaltenden Details?

Peter Vogel: Exakt. Für uns geht es um das Gefühl hinter den Details. Deshalb sagen wir von uns selbst auch, dass wir »caring hospitality professionals« ausbilden, also sich sorgende oder kümmernde professionelle Gastgeber. Das Wort »kümmern« hat dabei eine ganz wesentliche Bedeutung für uns. Denn eine Person, die sich kümmert, wird zweimal überlegen, bevor sie anwendet, was sie gelernt hat. Wir wollen keine Grundhaltung etablieren, die für Nervosität sorgt, weil man gelernt hat, entweder nur von rechts oder von links zu servieren. Darum geht es nicht. Es geht darum, mit dem Gast zu interagieren und sich an das anzupassen, was gerade passiert, das heißt, den Rahmen zu lehren und gleichzeitig dazu zu ermutigen, selbst zu denken.

»Kümmern« ist ein sehr starkes Wort, gerade in Zeiten, in denen Unternehmen eher von Zahlen getrieben sind als von »Gefühlen«. Ich denke, dass jede Aufgabe ihre eigene Ästhetik hat, die von mir persönlich gestaltet werden kann. Würdest du mir zustimmen?

Peter Vogel: Das ist richtig, denn dann hat diese Person mehr »Anteil« an einem Projekt. Das bedeutet auch, dass sie engagierter und dadurch letzten Endes wertvoller für das Unternehmen ist. Also ja, ich würde dir komplett zustimmen. Es ähnelt sogar dem, was wir machen, sehr. Wir konzentrieren uns auf den Faktor »Mensch«. Und der braucht einen Rahmen, in dem er sich bewegen kann, und die richtige Gesinnung. Aber am

Ende muss jeder einen Anteil an dem haben, was er tut, und seine Verantwortung darin erkennen.

Gibt es einen »Masterplan«, um eine Perspektive zu entdecken, die es einfacher macht, sich um eine Aufgabe zu »kümmern«?

Peter Vogel: Ich glaube, dass es wichtig ist, eine Organisation so aufzubauen, dass du jeden Mitarbeiter dazu befähigen kannst, seine Stärken zu entwickeln. Das ist eine schwierige Aufgabe, aber wenn du bereits in der Personalauswahl darauf Wert legst, wird es in späteren Herausforderungen viel einfacher. Wenn du das nicht tust, dann hast du wahrscheinlich hohe Personalfluktuationen, und zwar dauerhaft. Ich muss zum Beispiel innerlich schmunzeln, wenn ich an Bord einer Jacht bin und der Kapitän sagt: »Meine Crew ist nicht besonders gut.« Denn wenn er das sagt, dann sagt er eigentlich: »Ich bin ein unterirdischer Manager und ein absolut schlechter Leiter.« Wer so etwas sagt, der weiß offensichtlich nicht, was Leitung bedeutet. Ich bin froh, dass es nicht mehr viele dieser Kapitäne gibt.

Ich erlebe manchmal Unternehmer, die mit Leidenschaft arbeiten und viel Wert auf Details legen. Wenn ihre Mitarbeiter nicht den gleichen Anspruch an den Tag legen wie sie, dann sind sie darüber erstaunt und besetzen die Stellen einfach neu.

Peter Vogel: Ein Unternehmen kann talentierte Menschen ganz leicht verlieren, wenn die Vorgesetzten nicht wissen, wie man mit ihnen umgehen muss. Das ist eine der typischen Situationen, die ich erlebe, wenn ich auf Jachten unterwegs bin. Ich trainiere die Teams, jeder ist glücklich und inspiriert, aber nach zwei oder drei Besuchen sagt mir der Kapitän, dass das Personal noch immer kündigt. Ich erkläre ihm dann, dass er eigentlich weiß, woran es liegt. Dass er keine ansprechende Vision vorgibt und vorlebt. Denn ohne diese ansprechende Vision werden die talentierten Menschen keine Schritte machen können, um sich innerhalb des Unternehmens weiterzuentwickeln. Auch wenn sich die Vision ständig ändert, erlebt man diese Situation. Man hat keine Chance, sich mit ihr zu identifizieren. Bis vor circa zwei Jahren wurden Kapitäne nicht in Mitarbeiterführung ausgebildet. Sie sind Spezialisten in allem, was sie tun, außer darin, eine Unternehmung zu führen, in der Personalthemen wichtig sind und man Mitarbeiter auch entwickeln muss.

In meinem Buch beziehe ich mich auf die Aussage: »The difference between ordinary and extraordinary is that little extra.« Wie könnte man deiner Ansicht nach dieses kleine Extra erreichen?

Peter Vogel: Das Wort Spannungsbogen, das du vorhin gebraucht hast, passt hier sehr gut. Ich habe in dieser Form noch nie darüber nachgedacht, aber es geht um die Spannung aus dem, was du tust, weil du es gelernt hast, und dem Blick dafür, was du verbessern kannst, damit dieser Moment etwas Besonderes wird. Ich kann Kaffee auf unterschiedliche Arten servieren. Aber nur wenn ich Persönlichkeit in solch einen Moment investiere, wird das meinem Gast deutlich machen, dass er mir wichtig ist. Und das macht den großen Unterschied aus und zeigt, ob jemand nur an Schulungen teilgenommen hat oder tatsächlich den Wunsch hat, sein Bestes zu geben, als hätte er sich bewusst für diese Aufgabe entschieden.

Vielen Dank für das interessante Gespräch!

Auf meinem Notizzettel stand eine Frage, die ich Peter unbedingt stellen wollte, mehrfach unterstrichen und mit gelbem Textmarker hervorgehoben: »Wie weiß man denn nun, was das eigene kleine Extra genau ist?« Aber so einfach, wie ich es mir vorgestellt hatte, kam ich an die Antwort nicht heran. Denn Details sind höchst individuell. Und vor allem sind sie eins: klein.

> *Wahllos irgendeine Kleinigkeit anders zu machen als andere, gestaltet weder unsere Arbeit erfüllter noch macht es unsere Ergebnisse besser.*

Mit der Marketing-Brille auf der Nase würde die Suche nach den kleinen Extras zum Beispiel so aussehen: Ich würde Sie fragen, welche Adjektive Ihr Unternehmen oder Ihr Produkt ausmachen. Wenn Sie sagen, »persönlich, auffällig, hochwertig, vertrauensvoll«, würde ich Sie vielleicht fragen, warum Sie dann einfaches Briefpapier und weiße Standardumschläge für Ihre Post nutzen. Ein kleines Extra zu entwickeln, könnte bedeuten, hochwertigeres Papier verwenden, Umschläge in Ihrer Unternehmensfarbe zu kaufen und mit einem Stempel Ihr Logo oder einen variierenden charmanten Gruß händisch aufzustempeln.

Um die für uns wichtigen Details zu entdecken, müssen wir erst einmal verstehen, wonach wir suchen. Wahllos irgendeine Kleinigkeit anders zu machen als andere, gestaltet weder unsere Arbeit erfüllter noch macht es unsere Ergebnisse besser. Ich finde es deshalb unheimlich spannend, dass die »Luxury Hospitality Academy« nicht einfach zeigt, wo sich die wichtigen Kleinigkeiten verstecken. Sie konzentriert sich darauf, den Blick dafür zu sensibilisieren, dass man je nach Situation selbst das richtige »Extra« findet. Denn Peter hat recht:

Was in der einen Situation ein erfrischendes Detail sein kann, das ihr Gegenüber zum Schmunzeln bringt oder einen Vertragsabschluss begünstigt, kann in einem anderen Moment unangebracht und aufdringlich wirken.

Wenn wir etwas von Peter und seinem Team lernen können, dann ist es dies: Wir müssen die kleinen Extras, die unser Engagement für andere und für uns verbessern, permanent finden. Und das ist in vielen Fällen eine Herausforderung. Nicht umsonst gibt es Menschen wie Peter, die dabei helfen, diesen Blick zu schärfen und konstant wachzuhalten. Einer der Gründe, warum wir diesen Blick mit der Zeit verlieren und damit auch ein Stück Leidenschaft und Motivation, ist Routine.

Routine kann aus betriebswirtschaftlicher Sicht grundlegend wichtig sein. Wer routiniert arbeitet, erfüllt seine Aufgaben schneller und mit der Zeit auch besser. Routinierte Erfahrung orientiert sich allerdings am Gelernten. Sie ist wie ein Baum, der dank des Apfelkerns, aus dem er gewachsen ist, ein herrlich saftiges Ergebnis erzielt. Auch der Apfelbaum achtet auf Details. Immerhin wachsen und schmecken Äpfel nicht einfach irgendwie. Er kann aber nur bewegen, was ihm von Beginn an mitgegeben wurde. Aus Äpfeln werden keine Birnen. Es kann sehr herausfordernd sein, unsere tief verwurzelten Gedanken für Neues aufnahmebereit zu machen. Aber es funktioniert. Denn auch der Routinierte möchte seine Aufgabe bestmöglich erfüllen. Allein der Blick für das »kleine Extra« muss wieder etwas nachgeschärft werden. Er muss sich den Blick über den routinierten Tellerrand erlauben.

Ein Macher ist ein Baum, der viele Früchte trägt – und zwar unterschiedliche, wie der 40-Früchte-Baum, den ein Kunstprofessor durch Veredelung geschaffen hat.[25] Wenn die Gedanken eines Machers auf festgewachsene Strukturen in einem Unternehmen treffen, fragen deshalb die Mitarbeiter dort vielleicht: »Was ist denn auf einmal falsch an der Arbeit, die wir seit Jahren erfolgreich genau so machen?« Ich erlebe diese Situation häufig im Beratungsalltag. Besonders wenn der Geschäftsführer oder Vorstand kurzfristig einen verantwortlichen Mitarbeiter mit an den Tisch rufen lässt. Das ist manchmal selbst für mich unangenehm. Das Letzte, was man möchte, ist so zu wirken, als würde man den Job des anderen besser machen. Aber es dauert in der Regel nur einen kurzen Moment, bis mein Gegenüber versteht, dass der Impuls von außen mit dem frischen Blick sein Engagement tatsächlich noch verbessern kann. Routine kann wichtig sein. Muss sie aber nicht. Manchmal ist sie auch gefährlich. Piloten fliegen zum Beispiel nicht mit festen Crews, um nicht durch aufkommende Routine und Lockerheit wichtige Details zu übersehen.

Peter sagte einmal zu mir: »Entweder man hat die richtige Einstellung, die passende Leidenschaft und kann den Blick für Details ausbauen, oder man hat sie nicht.« Das ist eine harte Aussage. Ich habe lange darüber nachgedacht, ob dieses Statement nicht zu einseitig ist. Aber man kann tatsächlich nur etwas verbessern, was grundsätzlich da ist. Das bedeutet nicht, dass sich diese Leidenschaft oder diese Denkweise nicht auch entwickeln lässt. Doch wenn Sie an der falschen Stelle Wurzeln schlagen, wird es Ihnen schwerfallen, auch tatsächlich Früchte zu tragen. Wenn Sie als Baum mehr können, als nur Schatten spenden, dann brauchen Sie einen Ort, an dem Sie sich entfalten können und wollen. Es sorgt sich eben nur der um Details, der sich sorgt.

Wir alle, egal in welcher Hierarchie wir stehen und wie viel Verantwortung wir tragen, möchten vor allem eines auf gar keinen Fall: austauschbar sein.

Peter erzählte mir, dass das Training für manche Teilnehmer ein ganz besonderer Augenöffner ist, denn es zeigt ihnen, wie sie ihre Leidenschaft in ihren Aufgaben nutzen und weiterentwickeln können, vor allem durch Kleinigkeiten. Hornbach würde hier sagen: »Mach es zu deinem Projekt.« Interessanterweise führt das manchmal aber auch dazu, dass Teilnehmer ihren Job kündigen. Die aktuelle Verantwortung lässt ihnen einfach zu wenig Raum, um ihre eigene Persönlichkeit einzubringen und das Gelernte durch den persönlichen Touch und kleine Details auf ein neues Niveau zu heben und zufrieden mit der eigenen Arbeit zu sein. Die Vorgaben sind zu genau, die Ansprüche zu klein und die Unzufriedenheit zu groß. Denn wir alle, egal welche Aufgabe wir haben, in welcher Hierarchie wir stehen und wie viel Verantwortung wir tragen, möchten vor allem eines auf gar keinen Fall: austauschbar sein.

Diese Situationen entstehen nicht nur auf Milliardärsjachten. Wenn ich von Unternehmern höre, wie schwierig oder unmotiviert einer ihrer Mitarbeiter ist, obwohl sie ihm die Aufgaben doch schon so einfach wie möglich machen und sogar in einzelnen Schritten vorgeben, dann wundert es mich nicht, dass der Laden nicht läuft, wie er könnte.

Der Mitarbeiter fühlt sich austauschbar, nicht wirklich gebraucht und geht, beziehungsweise geht innerlich, lässt sich gehen und wird gegangen. Ganz schön viel Bewegung für nichts.

Ich bin mir sicher, dass Sie solche Situationen selbst schon erlebt haben. Kleinigkeiten haben eben nicht nur Einfluss auf das Außergewöhnliche. Auch Macher müssen nicht in allem immer nur das Große und Glamouröse bewegen. Manchmal reicht es schon aus, wenn Details, die man prägen darf, das Erledigen von Aufgaben angenehmer machen.

Ich musste während des Gesprächs mit Peter daran denken, wie mein Vater mich früher dazu bewegte, das Badezimmer zu putzen. Natürlich war es für mich, wie für jeden anderen Teenager auch, alles andere als eine Erfüllung, den Lappen zu schwingen und sich am Haushalt zu beteiligen. Das gilt erst recht, wenn man Geschwister hat, die ihre wertvolle Teenagerzeit genauso gut für so lapidare Dinge wie »das Bad machen« opfern könnten. Meine trotzige Standardantwort war also häufig: »Warum macht das nicht Tobias?« Unter allen Antworten meines Vaters gab es eine, die mich besonders überzeugte. Er sagte, dass ich mit meinem Blick für Ästhetik das Bad mit all den Handtüchern, Flakons und Dekorationen besonders schick auf Vordermann brächte. Rückblickend lächle ich darüber. Eins zu null für dich, Dad! Was mein Vater mir letztlich zu verstehen gab, war: »Du machst das besonders gut, weil du es so machst, wie du es machst.« Kleinigkeiten machen uns einzigartig. Kleinigkeiten helfen uns, über uns hinauszuwachsen. Kleinigkeiten bewegen. Manchmal sogar einen Fünfzehnjährigen dazu, das Badezimmer zu putzen.

Die Sehnsucht als Ziel

»Macher finden Ziele spannend.«

Es war anstrengend. Richtig anstrengend. Der Weg bis zum Sofa war weiter als gedacht. Aber jetzt ist es geschafft. Endlich. Mit letzter Kraft zieht sie sich an das Sofa heran. Ihr Blick ist konzentriert. Sie streckt ihre Arme aus, versucht, sich hochzuziehen – und verliert den Halt. In einer Mischung aus wilder Entschlossenheit und purer Verzweiflung greift sie nach allem, was sie in die Hände bekommt. Doch sie rutscht ab und fällt. Laut seufzend und inmitten der heruntergezogenen Kissen dreht sie sich auf dem Boden wieder um. Sie versucht es erneut. Wo ihr sonst ihre Mutter unter die Arme greift, steht sie nun allein vor ihrem Ziel. Sie will es schaffen. Aus eigener Kraft. Dass Elsa mit ihrem guten Jahr nicht einmal allein ihre kleinen Beinchen auf das hohe Sofa bekommt, interessiert sie nicht. Seit fünfzehn Minuten ist das Erklimmen des Sofas ihr erklärtes Ziel.

Ich sitze mit ihrer Mutter Anna daneben und bewundere Elsas Willen. Anna erzählt mir, dass Elsa immer hoch hinaus möchte. Auf ihrem Lieblingsspielplatz versucht sie, auf die Leiter zu steigen, die auf den Spielturm führt. Das ist für sie ein fast unmögliches Unterfangen. Aber das stört sie nicht. Ihr Ziel ist es, auf dem Turm zu stehen. Kein Luftballon oder Keks kann sie davon abhalten. Wenn Sie mir als erfahrener Kinderspielplatzturmbauer erzählen würden, dass das Ziel, an dem ich gerade arbeite, mit 99-prozentiger Wahrscheinlichkeit unerreichbar bleiben wird, und mir einen Ballon und einen Keks anbieten würden, würde ich wahrscheinlich etwas traurig, aber laut schmatzend davongehen.

Elsa ist ganz offensichtlich zielstrebiger als ich. Man könnte jetzt sagen: »Sie versteht eben nicht, dass das, was sie vorhat, nicht möglich ist«, aber das stimmt nicht. Natürlich merkt sie, dass die nächste Stufe sehr hoch ist. Sie spürt, dass ihre Kraft nicht ausreicht, um sich lange festzuhalten, und sie merkt auch, dass ihre Beine zu kurz sind, um die Sprossen zu erklimmen. Sie merkt sehr deutlich, dass sie in vielen Facetten ihres Vorhabens an Grenzen stößt. Man könnte auch meinen: »Sie weiß es nicht besser.« Aber auch das stimmt nicht. Denn es ist ja nicht so, als würde man ihr nicht erklären, dass sie noch zu klein für ihr hoch gestecktes Ziel ist. Die Erklärung interessiert sie einfach nicht, dafür findet sie ihr Ziel viel zu spannend.

Erinnern Sie sich noch daran, wie Sie früher mit Freunden auf einen Baum geklettert sind? Es gab immer einen, der noch höher klettern wollte und es unter den respektvollen Augen von allen anderen tatsächlich geschafft hat. Oder wollten Sie wissen, wer beim Seilspringen die meisten Sprünge schafft oder beim Gummitwist am höchsten kommt? Sind Sie auf dem Sportplatz mit dem Ball unterm Arm auch immer weiter zurückgelaufen, um auszuprobieren, aus welcher Distanz Sie das Tor oder den Korb noch treffen? Wir fanden es spannend, das auszuprobieren. Wir wollten wissen, ob wir dieses Ziel erreichen. Spannend war jedoch weniger das Ziel selber als vielmehr die Frage, wie man es erreicht. Welcher Ast trägt mich? An welchen komme ich noch heran? Wie muss ich den Ball schießen oder werfen und vor allem wie viele Male brauche ich, um zu treffen? Wir hatten Lust darauf, es auszuprobieren und in der Herausforderung zu wachsen.

Festzustellen, dass man seinem Ziel tatsächlich näher kommt, ist ein unglaublich schönes Gefühl. Es gibt einem Selbstbewusstsein und die Erkenntnis, besser zu sein, als der eigene Zweifel es einem manchmal weismachen möchte. Sie können mehr. Aber während wir uns früher noch spielerisch in abenteuerliche Situationen begaben und mit Freunden unsere Kräfte auf die Probe stellten, kennen wir heute unseren Platz in der Gesellschaft, brauchen unsere Kräfte oftmals gar nicht auf die Probe stellen und wollen es auch nicht. Die Band PUR liegt gar nicht falsch, wenn sie in einem ihrer Songs fragt: »Wo sind all die Indianer hin? Wann verlor das große Ziel den Sinn?« Dass viele Menschen im jungen Erwachsenenalter Ziele nicht mehr spannend finden und sich auch nicht ausprobieren und die eigenen Grenzen austesten wollen, hat einen einfachen Grund: Sie wissen schon, wie es endet. Oder glauben es zumindest.

Die Vorstellungskraft reicht nicht mehr aus, um dem Zweifel etwas entgegenzustellen. Die optimistische Kreativität, die uns im Kindesalter hoch hinaus getragen hat, haben wir irgendwann verpackt. Fein säuberlich in kleine Kisten und eingelagert im Regal zum Thema »Keine Zeit« oder »Bringt mir nichts«.

Die NASA hat für solche mentalen Regale keinen Platz. Daher will das Unternehmen bereits bei der Personalauswahl sichergehen, dass potenzielle Mitarbeiter diese optimistische Kreativität nicht verlernt haben, und führte eine Untersuchung zu diesem Thema durch. Der Verantwortliche der Studie, Dr. George Land, wollte in Erfahrung bringen, in welcher Situation und in welchem Alter die Kreativität eines Menschen besonders ausgeprägt ist.[26] Da die Aufgabe so einfach war, dass selbst Kinder sie lösen konnten, startete er seine Studie aus Neugier mit 1600 Kindern. Das Ergebnis versetzte die Forscher in Staunen. 98 Prozent aller Kinder zwischen vier und fünf Jahren bestanden den Test und outeten sich laut Studie als kreative Genies. Das war unglaublich. Dieselben Kinder wurden daher fünf Jahre später erneut getestet. Nur

98 Prozent aller Kinder zwischen vier und fünf Jahren bestanden den Test und outeten sich laut Studie als kreative Genies.

30 Prozent erreichten dasselbe Ergebnis. Weitere fünf Jahre später, mit fünfzehn Jahren, waren es nur noch 12 Prozent, die den Test bestanden. Die NASA testete daraufhin Hunderttausende von Menschen, die älter als 31 Jahre waren, und erreichte mit dieser Testgruppe ein Ergebnis, das sie schockierte. Nur sage und schreibe 2 Prozent aller getesteten Erwachsenen konnten die Kreativität und Vorstellungskraft abrufen, die sich die fünfjährigen Kinder zwischen Trinkpäckchenpause und Matchboxautos aus dem Ärmel schüttelten. Was war passiert? Dr. Land erklärte, dass wir mit zunehmendem Alter und beginnend mit der Schulbildung, kritischer und unsicherer werden. Während man im Kindergarten für einen kreativen Einfall noch gelobt wird, lernt man in der Schule, dass es auf Fragen oft nur eine richtige Antwort gibt. Optimistische Kreativität zerplatzt bereits im Keim. Man wird unsicher und blockiert schließlich sich selbst.

Mich erinnerte die Studie an den letzten Besuch meines vierjährigen Neffen. Wir versuchten, im Garten einer Horde gefährlicher Dinosaurier zu entkommen. Mit Wasserpistolen bewaffnet, rollten wir über die Wiese, bis er plötzlich mit der Wasserpistole in der Hand vor mir stand und mich wie ein Tyrannosaurus anbrüllte. »Dinosaurier können doch keine Pistole halten«, sagte ich. Daraufhin guckte er mich zutiefst irritiert an und fragte: »Warum? Die haben doch Hände?«

Die Kinder haben in dieser Studie so überdurchschnittlich gut abgeschnitten, weil sie zwischen zwei Denkformen unterscheiden können, nämlich zwischen konvergentem Denken und divergentem Denken. Sie können sich frei entscheiden, ob sie eine Antwort, die sie einmal gehört haben, einfach nur wiedergeben oder sich eine eigene, schönere oder subjektiv bessere Antwort ausdenken. Laut Dr. Land tendieren wir Erwachsenen dazu, beide Denkformen gleichzeitig zu bedienen, und bremsen uns damit aus. Wir möchten kreativ und innovativ denken, wissen aber um die Restriktionen unserer Möglichkeiten, die skeptischen Resonanzen unserer Umwelt und verwerfen somit manch gutes Ziel, ohne ihm überhaupt eine Chance gegeben zu haben. Wenn Sie eine Karriere bei der NASA beginnen oder Ihr Engagement erfolgreicher gestalten wollen, sollten Sie mit Blick auf die wildesten Ziele aus tiefer Überzeugung eine einfache Frage stellen: »Warum soll das nicht möglich sein?«

Als Jugendlicher war ich fasziniert von Menschen, die viel bewegen. Und doch musste ich manchmal mit den Augen rollen, wenn ich herausfand, dass ein Unternehmer, der mich mit dem Produkt meiner Begierde begeisterte, auch in anderen Branchen seine Finger im Spiel hatte. »Diese Reichen«, dachte ich, »wissen mit ihrer Zeit und ihrem Geld nichts anzufangen.« Inzwischen weiß ich, dass der Grund dafür ein ganz anderer sein kann. Wer den einen Baum aus eigener Kraft erklommen hat und in der Baumkrone eine neue Perspektive findet, der sieht auch schon das nächste, höhere Ziel und fragt sich ganz von allein: »Warum sollte ich das nicht auch schaffen?« Macher finden Ziele spannend, weil sie es wissen wollen. Sie wollen wissen, ob sie sie erreichen.

Nachdem Steve Jobs 1985 aus seinem eigenen Unternehmen hinausgeworfen worden war, ließ er sich nicht davon abhalten, »es auch weiterhin wissen zu wollen«. Also gründete er zwei weitere Unternehmen. »NeXT Computer« sollte das erreichen, was Apple bis dato noch misslang, und zwar Computer für anspruchsvolle und intensive Rechenleistungen zu entwickeln. Ein Jahr später finanzierte Jobs eine Gruppe von Animationsdesignern, die zuvor für George Lucas tätig gewesen und auf viel Pferdestärken in ihren Computern angewiesen waren. Er wollte wissen, wie weit er die Rechenleistung für aufwendige Animationen vorantreiben konnte. Mit Erfolg. Unter dem Namen PIXAR trieb er im Kino nicht nur Spielzeuge durchs Zimmer, sondern auch Fische durchs weite Meer. Sein Drang, es wissen zu wollen, machte ihn schließlich durch den Verkauf von PIXAR an Disney zum größten Anteilseigner von The Walt Disney Company mit einem Aktienwert von 7,4 Milliarden Dollar.[27] Richard Branson, Selfmade-Milliardär und Inhaber der Virgin Group, die zahlreiche Unternehmen unter sich vereint, sagte einmal: »Wenn Sie eine unglaubliche Chance erhalten und sich nicht sicher sind, ob Sie es schaffen, dann greifen Sie zu und lernen Sie danach, wie Sie es anstellen werden.«[28]

Wenn Sie sich nur auf die Ziele einlassen, auf die Sie gut vorbereitet sind, werden Sie sich selbst und andere nie überraschen. Vor allem aber wird Ihr Engagement mit der Zeit eines sein: langweilig. Der Grund, warum Macher in den Augen vieler ein spannendes Leben führen und vieles erreichen, liegt darin, dass sie Ziele auswählen, die sie tief im Herzen spannend finden. Zu diesen Menschen gehört für mich auch Gert Maichel, den ich aus unserer Kirchengemeinde kenne. Gert Maichel hat nach seiner Promotion zehn Jahre im juristischen Bereich für BASF AG, Mobil Oil Deutschland AG, Wintershall AG sowie für die Kali und Salz AG gearbeitet und ist dann bei Wintershall ins Management gewechselt. Von hier aus engagierte er sich als Geschäftsführer, Vorstandsvorsitzender von VEW AG und zuletzt als Vorstand der RWE AG. Er ist noch immer beruflich tätig, trotz seiner fast 70 Jahre Lebenserfahrung. Gert und seine Frau faszinieren mich, weil sie sich für karitative Zwecke so einsetzen wie andere für ihre Gehaltserhöhung. Man spürt Gert ab, dass Ziele für ihn nicht nur Quoten sind, sondern viel mit einem Lebenssinn zu tun haben.

Für manche hört sich eine Vorstandstätigkeit vielleicht eher nüchtern an. Konntest du deine Tätigkeit mit Leidenschaft füllen?

Gert Maichel: Zunächst einmal hat mich, je mehr ich in dieses Feld hineingekommen bin, das Thema Energie sehr beschäftigt. Weil ich tief davon überzeugt bin, dass nach der Gottesfrage die Energie-Frage die wichtigste Frage im Menschenleben ist. Denkt man sich die Energie weg, dann säßen wir im Dunkeln, ohne Verkehr und ohne Heizung. Selbst Nahrung besteht aus Energie, die wir unserem Körper zuführen. Dazu kommt, dass Energie wie z. B. Mineralöl, Strom oder Erdgas enorme politische Bedeutung hat und die Sicherung von Produktion, Verteilung und Vertrieb hoch komplex ist. Der Umgang mit den vielen Menschen, die daran arbeiten oder daran Interesse haben, ist einfach spannend. Mich hat das mein Berufsleben lang fasziniert.

Als ich dir sagte, dass es in meinem Buch auch um das Thema »Mit Leidenschaft managen geht«, hast du sofort signalisiert, dass du als Interviewpartner bereitstehst. Was hat dich daran gereizt?

Gert Maichel: Ich finde das Thema so gut, weil ich das auch als Maxime für mein eigenes Handeln als Manager angesehen habe. Es gibt ja den bekannten Spruch: »Wer den Dampf nicht mag, sollte aus der Küche fortbleiben.« Will heißen, man kann genug vom Kochen verstehen und alle Zutaten haben, aber wenn man das Drumherum nicht akzeptiert und den Dampf nicht mag, dann sollte man es lieber sein lassen.

Gab es bestimmte Tätigkeiten, die dir besonders viel Spaß gemacht haben?

Gert Maichel: Ja klar, vieles sogar, vor allem mit jüngeren Menschen an einer neuen Aufgabe zu wirken. Das war damals z. B. konkret die Aufgabe, in einem als Monopol gestalteten Energiemarkt eine Liberalisierung herbeizuführen und den Menschen das zu geben, was sie bis dato für leitungsgebundene Energie nicht hatten, nämlich die freie Wahl.

Mich fasziniert es, dass du nach all diesen spannenden und sicher auch fordernden Momenten nicht nachgelassen hast. Vor allem, als du RWE als Vorstand hinter dir gelassen hast. Ich glaube, viele hätten gesagt: »Ich mach mir ein schönes Leben, ich lege die Beine hoch und genieße, was ich mir erarbeitet habe«, aber das hast du nicht getan. Du hast dich weiter investiert mit deiner Zeit und deinen Möglichkeiten.

Gert Maichel: Ja, aus meinem christlichen Selbstverständnis heraus haben meine Frau und ich uns gesagt, wir haben jetzt sehr viel empfangen in unserem Leben an Bildung, an Existenzsicherung, an Familie und da ist es zwingend erforderlich, dass wir auch geben. Und geben hieß für uns, uns karitativ einzusetzen, sowohl im Inland als auch im Ausland. Ich mache auch noch andere Sachen. Ich bin auch noch beruflich tätig und selbst investiert in Elektromobilität.

Das überrascht mich nicht. Ich habe dich als einen Mann kennengelernt, der immer auf Achse ist, immer busy und sich engagiert. Würdest du die Aussage unterstützen: Macher finden Ziele spannend und stürzen sich gern hinein?

Gert Maichel: Das kann ich nur unterstreichen. Es ist für mich ein merkwürdiger Erkenntnisprozess gewesen, dass ich mich zeitlebens sehr engagiert habe. Zuerst glaubte ich immer, dass meine Chefs dieses Engagement von mir erwarteten, bis ich feststellte, dass ich das selber war. Es ist wahrscheinlich ein Persönlichkeitsmerkmal, dass man sich selbst immer wieder die Frage stellt: »Was könnte ich jetzt noch bewegen? Was könnte ich jetzt noch Neues dazubringen? Wen könnte ich jetzt noch einbeziehen?« Das ist vielleicht nicht jedem gegeben, aber ich habe das bisher für mich immer so gelebt.

Ist der Weg zum Ziel für dich genauso spannend wie das Ergebnis?

Gert Maichel: Letztlich ist der Weg genauso spannend. Und zwar deshalb, weil viele ein Ziel haben und einen Weg benutzen ungeachtet der Kosten, seien sie sozial, körperlich oder sonst was. Man muss die Mittel im Blick haben. Und wenn man das übertreibt, dann ist das Ziel letzten Endes auch verwerflich.

Wie ist es für dich mit all deiner Managementerfahrung, dich in sozialen Projekten zu engagieren, die sonst durch das Ehrenamt geprägt und nicht so stark professionalisiert sind?

Gert Maichel: Zunächst mal war das natürlich eine ganz große Umstellung. Jedem Mitarbeiter, den ich im Berufsleben hatte, konnte ich sagen: »Das wird gemacht oder es hat Konsequenzen«, also in Bezug auf die Karriere oder das Gehalt. Das geht natürlich im Ehrenamt nicht. Insofern ist eine ganz andere Überzeugungsarbeit nötig, und das bringt einen sehr mit den Füßen auf den Boden. Man kann aber beruflich sehr viel mitbringen, zum Beispiel im Hinblick auf Strukturierung, Zielsetzung, das Verfolgen und Kontrollieren von Zielen.

Ich kann mir vorstellen, dass die Kunst, Ehrenamtliche zu motivieren, ein wertvolles Asset für Verantwortungsträger in der Wirtschaft wäre. Welchen Tipp würdest du ihnen geben?

Gert Maichel: Ich will dir ein kleines Beispiel geben. In der Industrie ist es üblich, Sicherheitswettbewerbe zu machen. Das heißt, wenn ein Team ein Jahr erfolgreich ohne Unfall gearbeitet hat, dann gibt es Werkzeug-Sets oder vielleicht sogar eine Reise geschenkt. Das ist deshalb ein passendes Beispiel, da die Leute angehalten werden, für einen Grill, Handwerks-Set oder was auch immer die eigene Sicherheit zu verkaufen. Eigentlich müsste jeder ein Interesse daran haben, unfallfrei zu arbeiten, denn es ist ja sein Körper. Aber die Leute werden damit sozusagen zweitmotiviert, also extern motiviert für etwas, das eigentlich intrinsisch ist. Das ist eigentlich Korruption, denn sie werden nicht dazu geführt, dass sie selbst ein Interesse daran entwickeln. Und wer von der intrinsischen Motivation ablenkt, der tut meines Erachtens etwas Falsches.

Hast du abschließend einen Gedanken, wie jemand dieses interne Feuer, das in dir und in mir brennt, auch bei seinen Mitarbeitern entfachen kann?

Gert Maichel: Ein weiser Mann hat einmal gesagt: »Wenn du ein Schiff bauen willst, dann trommle nicht Männer zusammen, um Holz zu beschaffen, Aufgaben zu vergeben und die Arbeit einzuteilen, sondern lehre die Männer die Sehnsucht nach dem weiten, endlosen Meer.« Das heißt, man muss die Leute für das eigentliche Ziel begeistern, denn wenn sie dafür eine echte Begeisterung haben, dann kommt alles andere von allein.

Vielen Dank für das interessante Gespräch!

Management is doing things right. Leadership is doing right things.

Auf der Rückfahrt von unserem Gespräch kreisten meine Gedanken noch lange um dieses Zitat, wie Möwen auf offener See: »Wenn du ein Schiff bauen willst, dann trommle nicht Männer zusammen, um Holz zu beschaffen, Aufgaben zu vergeben und die Arbeit einzuteilen, sondern lehre die Männer die Sehnsucht nach dem weiten, endlosen Meer.« Dieses Bild von Antoine de Saint-Exupéry passt unglaublich gut zu diesem Kapitel. Und auch zu Gert. Wenn Gert erzählt, wie spannend und bedeutsam für ihn die »Energiefrage« und sein Einsatz für karitative Zwecke sind, dann spürt man ihm ab, dass er über etwas redet, das ihn tatsächlich bewegt. Ich kenne Gert seit fast zehn Jahren und wusste daher bereits vor unserem Gespräch, dass er nicht in das Klischee des kühl berechnenden Unternehmers passt. Und doch war ich überrascht. Ich hatte nicht damit gerechnet, dass ihm als erfahrenem Manager, der mit Zahlen und Analysen arbeitet, seine Leidenschaft für die Zielerreichung so wichtig ist. Man stellt sich gern vor, dass Manager relativ nüchtern Quoten erfüllen, Umsatzziele übertreffen und Großes bewegen, einfach weil sie es können – und zudem auch nicht selten schlecht dafür bezahlt werden. Aber da scheint noch mehr zu sein. Man kann Personal einsetzen, um Ressourcen zu beschaffen, Projektpläne aufzustellen und Verantwortung zu verteilen, aber Management allein reicht nicht aus, um ein Schiff zu bauen.

Vielleicht ist das auch einer der Gründe, warum sich Gert mit dem Begriff »Manager« nicht gern identifiziert, Unternehmensleiter gefällt ihm besser. Das macht ihn sympathisch und erinnert mich an ein Zitat von Peter Drucker. Der bekannte Managementberater sagte: »Management is doing things right. Leadership is doing right things.« (»Management bedeutet, Dinge richtig zu tun. Leitung bedeutet, das Richtige zu tun.«) Etwas lediglich professionell zu managen, zu organisieren und zu erledigen, bringt uns nicht unbedingt ans Ziel. Und deshalb fällt es vielen von uns oftmals auch nicht leicht, hinter einer Aufgabe mehr zu sehen als einfach nur einen Job. Ziele richtig anzugehen, weckt bei uns nicht zwingend Spannung. Doch die richtigen Ziele erreichen zu wollen, das weckt Sehnsucht.

Aber was sind die richtigen Ziele? Was sind Ihre »richtigen« Ziele? Als Kind war die Antwort auf die Frage nach den Zielen oft sehr einfach. Wir wollten Feuerwehrmänner werden, Detektive, Tierärztinnen, Polizisten oder Lokomotivführer. Nicht, weil uns die Gehaltsklassen gelockt haben, das gesellschaftliche Ansehen oder die abwechslungsreichen Tätigkeiten. Wir konnten unsere Ziele als Kinder deshalb so selbstsicher formulieren, weil wir darin ein Abenteuer gesehen haben, das uns mit einer kleinen Sehnsucht erfüllte. Heute wissen wir: Abenteuer können gefährlich sein. Abenteuer sind unvernünftig. Sie sind teuer und sie tragen in den allermeisten Fällen nichts zu unserer sozialen Sicherheit bei.

Ziele richtig zu setzen und die richtigen Ziele zu setzen sind zwei komplett unterschiedliche Dinge. Ich erinnere mich noch an den Moment, als wir im Studium das Thema »Ziele« das erste Mal bearbeiteten. Als kreativer Kopf mit ein bisschen zu viel Selbstbewusstsein waren Ziele für mich noch immer abenteuerlich. Ich saß, gespannt wie ein Flitzebogen, an meinem Klapptisch und konnte es kaum erwarten, von einem Profi zu lernen, wie ich im Management Ziele erreiche. Die Vorlesung eröffnete der Dozent mit einer naheliegenden Frage: »Was ist das richtige Ziel?« Kerzengerade saß ich vor meinem noch leeren Blatt, den Stift in der Hand und lauschte in den Saal. Es war ruhig. Schließlich sagte der Dozent: »Die Ziele, die Sie sich stecken sollten, sind SMART.« »Smart«, notierte ich auf meinem Zettel. Und er fuhr fort: »Sie sind spezifisch, messbar, erreichbar (engl. achieveable), realistisch und terminierbar.« Ich weiß noch, wie ich aufschaute und dachte: »Es fehlt noch ein L – langweilig.«

Es dauerte eine Weile, bis ich merkte, dass der wenig abenteuerlich auftretende Typ vor der Tafel nicht ganz falsch lag. Ziele, die ich mir stecke, sollten natürlich nicht so allgemein formuliert sein, dass ich nicht weiß, wo ich anfangen soll. Natürlich sollte ich auch feststellen können, ob meine Anstrengungen etwas bewirken und ich das Ziel mit meinen Möglichkeiten erreichen kann. Und gänzlich unrealistisch sollten sie schließlich auch nicht sein, damit ich nicht zu viel Zeit verschwende. Reines Management funktioniert genau so. Auch mein Alltag funktioniert im Tagesgeschäft entsprechend der smarten Ziele. Und dennoch lag unser Dozent in einem völlig falsch:

Nicht alle Ziele, die uns nach vorn bringen, sind smart.

Vor allem nicht, wenn es um die großen Ziele geht, um die Visionen, die uns antreiben. Einstein sagte einmal: »Wenn eine Idee zu Beginn nicht absurd klingt, gibt es keine Hoffnung für sie.« Wie absurd ist der Gedanke, auf Holzbrettern das endlose Meer zu erkunden? Neben smarten Zielen muss es also auch eine andere Kategorie geben, die noch eine Ebene darüber steht. Ich nenne sie nicht »SMART«, sondern »GREAT«. Smarte Ziele sind wichtig, um das Schiff zu bauen. Doch erst ein Ziel, das »great« ist, weckt die Sehnsucht, das Holz überhaupt in die Hand zu nehmen. Ich gebe zu, great ist nicht so schön eingedeutscht wie smart, aber die Eigenschaften, nach denen wir bei der Wahl unseres spannenden Ziels Ausschau halten sollten, passen nur zu gut. Graphical (darstellbar), reasonable (angemessen), exciting (spannend), appealing (ansprechend) und tailored (maßgeschneidert) sollte ein Ziel sein, dem Sie folgen. Wenn Sie ein großartiges Ziel suchen, dem Sie eine Vision zuordnen können, dann ist es nicht einfach nur smart – es ist great.

Macher finden Ziele spannend und erreichen sie, obwohl manches Ziel auf den ersten Blick nicht immer smart ist. So manche große Sache, die Ihr und mein Leben geprägt hat, hätte es nicht gegeben, wenn der Verantwortliche sein Ziel lieber smart als spannend definiert hätte. Eines meiner liebsten Beispiele hierfür ist die Film-Saga Star Wars. George Lucas' Vision eines legendären Weltraumabenteuers wurde vor und selbst während der Dreharbeiten belächelt. Als junger Produzent, der zuvor den Film »American Graffiti« gedreht hatte, sicherte er sich die Zusage, einen Science-Fiction für ein Budget von rund acht Millionen Dollar drehen zu dürfen. Lucas' Erwartungen an die Produktion waren hoch. Sehr hoch. Im Gegensatz zum Vertrauen vieler Beteiligter. Internationale Drehorte verschlangen nicht nur ein horrendes Budget, sondern durch dramatisch schlechtes Wetter auch Requisiten und Drehtage. Nur wenig funktionierte auf Anhieb. Das lag auch daran, dass vieles aus George Lucas' Vision erst erfunden werden musste. Jedes Kostüm, jedes Fortbewegungsmittel und jeder Drehort wurde neu erdacht und teuer konzipiert. Eine der spannendsten Herausforderungen waren die Special Effects, für die Lucas später eine eigene Firma gründete, um den Anforderungen gerecht zu werden. Das große Ziel von George Lucas war nicht smart. Es war great. Hätten Lucas, das Studio oder beteiligte Investoren dieses Vorhaben unter smarten Gesichtspunkten betrachtet, hätten weder wir noch unsere Kinder uns in dieses Weltraumabenteuer stürzen können. George Lucas hatte ein Ziel, das nicht nur er selbst spannend fand, sondern das die Sehnsucht nach dem endlosen Weltall in vielen weckte. Es ist recht leicht, Menschen wahrzunehmen, die einen außerordentlichen Antrieb haben, die noch einen Ast höher klettern, weil sie es unbedingt wissen wollen. Und genauso leicht ist es, seinen persönlichen Antrieb zu unterschätzen, ähnlich wie Gert Maichel erst mit der Zeit feststellte, dass das Engagement, das er an den Tag legte, in diesem Maße eben nicht dazu diente, die Erwartung seiner Vorgesetzten zu erfüllen, sondern in erster Linie seine eigene.

Die kleine Elsa schaffte übrigens das scheinbar Unmögliche, obwohl ihre Beine zu kurz waren, um auf das Sofa zu klettern, und ihre Arme zu schwach, um sich irgendwo festzuhalten. Irgendwann saß sie stolz oben. Wie hatte sie das geschafft? Nach vielen vergeblichen Versuchen, auf das Sofa hinaufzukommen, nahm sie alle Kissen, die sie in ihrer Anstrengung heruntergezogen hatte, legte sie halbwegs stabil auf einen Haufen und kletterte mithilfe der Kissen nach oben. Sie erreichte ihr Ziel, obwohl ihr Ziel alles andere als smart war, obwohl man ihr gesagt hatte, dass sie noch zu klein war, und obwohl sie gemerkt hatte, dass in vielen Momenten ihre Ideen einfach nicht funktionierten. Das war ihr aber egal. Denn ihr Ziel war großartig und sie fand es viel zu spannend, um aufzugeben.

»Du kan
Großes be
du dich i
reinkniest.

st nur

egen, wenn

s Kleine

K

Fördern, fordern, überfordern

»Macher fördern Potenziale.«

Einem Team die Sehnsucht zu lehren und nicht nur das Handwerk, ist eine starke Aussage. Sie bringt auf den Punkt, dass es im Management oder in der Unternehmens- oder Projektleitung, wie Gert es eher formulieren würde, eben nicht nur um das

Managen von Aufgaben geht, das Kalkulieren von Kapazitäten und das Planen von Meilensteinen. Es geht darum, Menschen zu einem gemeinsamen Ergebnis zu führen. Und zwar durch eine Motivation, die mitreißt, die intrinsisch und nicht extrinsisch motiviert. Für mich ist diese Aussage eine der wichtigsten im Bereich der Teamführung. Wichtig deshalb, weil die innere Motivation mehr bewegt, mehr Kräfte und Energie freisetzt als die äußere. Um dies zu verstehen, ist es notwendig, zunächst diejenige Motivation näher anzuschauen, die von außen kommt.

Die äußere Motivation durch Gehalt, Verantwortung und Status ist das, was wir kennen und in den meisten Fällen auch brauchen. Wären Sie weiterhin für Ihren Arbeitgeber tätig, wenn man Ihnen von nun an keine dieser Motivationen mehr entgegenbrächte oder nur noch einen kleinen Bruchteil davon? Ich wünsche es Ihnen, aber in vielen Fällen wäre die Antwort mit Sicherheit: »Wahrscheinlich nicht.« Wir engagieren uns in erster Linie, um unsere Miete zu bezahlen und unseren Lebensstandard zu halten, da ist es häufig zweitrangig, ob uns der Arbeitgeber auch innerlich anspricht und begeistert. Sich vollends mit dem Arbeitgeber zu identifizieren bleibt in vielen Fällen eine Traumvorstellung.

Das heißt aber nicht, dass uns dieses Anliegen als Arbeitnehmer nicht wichtig wäre. Wer extern motiviert wird, stellt sich einer Erwartungshaltung, auf die man sich zu Beginn der Zusammenarbeit geeinigt hat. Man beginnt zu leisten. Bleibt das Ergebnis hinter der Erwartung, wird sanktioniert.

Dieses System ist einfach. Es ist einfach umzusetzen und zu adaptieren, für große und kleine Unternehmen. Es ist auch nicht falsch. Allerdings hat dieses System noch nichts mit wirklicher Führung zu tun.

Wer nur nach diesem System handelt, gibt dem einen die Säge in die Hand, dem anderen den Hammer, formuliert Anweisungen und wartet auf das Ergebnis. Natürlich kann er die Rahmenbedingungen vorgeben und begünstigen. Hammer und Säge können möglichst hochwertig und angenehm zu nutzen sein. Vielleicht ist auf beidem auch ein Apfel eingestanzt. Und doch bleibt dem Vorgesetzten nichts anderes übrig, als davon auszugehen, dass der Mitarbeiter sein Bestes geben und, wie erwartet, das Ziel erreichen wird. Die Sehnsucht vom weiten, abenteuerlichen Meer spielt hier keine Rolle.

Nur wer andere in ihren Aufgaben begleitet und aus der Vogelperspektive dazu ermutigt, die beste Version von sich selbst zu zeigen, der führt. Deshalb unterscheidet man auch klar zwischen Management und Leadership. Ich würde sagen: Management fordert. Leadership fördert.

Wer extrinsisch motiviert, der fordert Leistung ein. Wer sein Team jedoch in dieser Phase der Leistungserbringung intrinsisch motiviert, also etwas im Inneren der Menschen weckt, der fördert. Wer andere fördert, Leidenschaft inspiriert und Stärken weckt, der erreicht mehr als nur ein gestecktes Ziel. Er sorgt für ein Wir-Gefühl, für optimistisches Denken und das Gefühl der Wertschätzung. Wer gefördert wird, möchte sein Bestes geben.

Wie fördert man also? Wie motiviert man intrinsisch? Sie werden mir sicher aus eigener Erfahrung zustimmen, wenn ich sage, dass dieser Führungsstil nicht jedem in die Wiege gelegt wurde. Fördern und Führen muss man können. Doch in erster Linie muss man es erst einmal wollen. Macher wollen. Sie wollen fördern und führen, denn sie wissen aus erster Hand, dass man bestimmte Ziele nur dann oder nur dann besonders gut erreicht, wenn der Antrieb aus dem Inneren kommt, das gesteckte Ziel also etwas mit einem persönlich zu tun hat. Es gelingt Machern in der Regel sehr gut, Menschen unter einer gemeinsamen emotionalen Vision zu vereinen und damit zu befähigen, denn sie setzen keine bloße Theorie um. Sie geben eine Motivation weiter, die sie selbst über lange Strecken getragen, angespornt und erfüllt hat. Wer sich als Macher auf den Weg macht, geht eher Risiken ein, als dass er fürstlich von einem Arbeitgeber entlohnt wird. Er verzichtet auch auf das ein oder andere. Ein Macher hat mit der Zeit gelernt, seine Motivation in sich selbst zu finden, und gibt sie, manchmal wie ein Leuchtfeuer, an andere weiter. Er strahlt sie aus.

Auch Organisationen tragen ihren Teil dazu bei, dass die Sehnsucht nach dem großen, abenteuerlichen Meer Wurzeln schlagen kann.

Wenn Sie sich schon einmal gefragt haben, warum junge Menschen sich auf ihrer Jobsuche auch kleinen Start-ups anschließen: Das ist einer der Gründe. Dieser hervorragende Umgang mit intrinsischer Motivation verzaubert. Obwohl diese sehr jungen Firmen sich und die damit verbundenen Sicherheiten bisher nicht ausreichend etabliert haben, möchte man an Bord sein, als Teil des Teams einen entscheidenden Teil leisten, damit das Start-up abhebt. Diese Ausstrahlung haben große, gesetzte Unternehmungen nicht mehr. Deshalb ist es umso wichtiger, hervorragende Leiter zu verpflichten, also Menschen, die nicht nur managen, sondern auch führen können, die zwischen der Aufgabe und dem Ergebnis die innere Motivation wecken und das Team fördern. Allerdings darf man eins nicht vergessen: Auch Organisationen tragen ihren Teil dazu bei, dass die Sehnsucht nach dem großen, abenteuerlichen Meer Wurzeln schlagen kann. Was bringt es dem Team oder der Führungskraft, wenn die etablierten Strukturen gar keinen Raum vorsehen, um Sehnsucht zu entwickeln?

Wer die Mannschaft die Sehnsucht vom Meer lehren möchte, der schafft das nicht durch eine kurze PowerPoint-Präsentation zwischen dem Abteilungsmeeting und der Mittagspause.

Die Sehnsucht nach dem Meer findet nur der, der selbst auf dem Wasser ist, der spürt, wie es sich anfühlt, wenn der Wind in das Segel bläst, und wie sich die Perspektive auf das eigene Leben verändert, wenn man nachts, nur umgeben von Wasser, in den Sternenhimmel schaut.

Sie können sich vorstellen, dass es für eine Organisation nicht leicht ist, diesem Gedanken nachzukommen. Wer kann schon alle Gewerke, die heutzutage an einem Schiff arbeiten, erst einmal auf einen ausgedehnten Segeltörn einladen, bevor es an die Arbeit geht? Dennoch ist an dem Gedanken was dran, das bestätigte mir ein kluger Mann, der Schiffsbau studiert hat. Er erzählte mir, dass fast jeder, der sich mit Schiffsbau befasst, schon einmal »draußen« war und in der Regel auch im Besitz eines Scheins ist, um unterschiedlichste Boote und Schiffe zu bewegen. Dieses Sinnbild von Teamführung trägt also mehr Wahrheit in sich, als man denkt.

Dennoch bleibt die Frage, wie man die innere Motivation bei anderen am geschicktesten wecken kann. Gibt es eine Art Geheimrezept?

Ich muss dabei unausweichlich an meine Jugend denken. Als Christ habe ich mich in meiner Gemeinde engagiert, vor allem in der überregionalen Jugendarbeit. Die Evangelisch-Freikirchlichen Gemeinden betreiben für die Kinder- und Jugendarbeit unter dem Dach des GJW (Gemeindejugendwerk) viele Angebote, die den Gemeinden im jeweiligen Bundesland zugutekommen. Dazu gehörte auch der Jugendgottesdienst »Kurz nach 7«. Fragen Sie mich bitte nicht, wie wir auf diesen Namen gekommen sind. Offenkundig begann er um kurz nach sieben. Pragmatik schien damals ein passendes Mittel zu sein. Was den »Kurz nach 7« jedoch besonders machte, war seine Entwicklung. Begonnen hatten wir mit zwanzig Gästen, zunächst noch auf dem Boden sitzend, später auf Sitzkartons. Doch schon bald platzte die kleine Räumlichkeit mit wachsenden Besucherzahlen aus allen Nähten. Innerhalb von vier Jahren kamen zu dem Jugendgottesdienst, der viermal im Jahr stattfand, 1 000 Menschen – und das in einer Zeit, in der es noch kein Social Media gab oder sonstiges Online-Marketing. Die private E-Mail-Adresse gewann zu der Zeit gerade erst an Bedeutung. Und dennoch wurde aus einer Wohnzimmerveranstaltung ein Event mit Bühnenprogramm und Catering. Es entwickelte sich einfach – durch die Gemeindearbeit unseres überregional tätigen Pastors und die Mund-zu-Mund-Propaganda der jungen Menschen. Wir hatten eine Produktivität und Energie, die ich jedem Unternehmen wünschen würde. Man sollte meinen, dass ab einem bestimmten

Punkt Profis übernommen hätten. Aber unser Team hatte sich personell nicht maßgeblich verändert. Wir jungen Leute, die zu zehnt einen Event für zwanzig Leute auf die Beine gestellt hatten, lernten Schritt für Schritt, wie man ihn für 1 000 Menschen konzipiert und umsetzt. Die Verantwortung wuchs und wir wuchsen in sie hinein. Aus Indianern wurden Häuptlinge, die gar nicht anders konnten, als ihr Bestes zu geben, und es auch nicht anders wollten. Unser Jugendpastor und »Chef« hatte es geschafft, in uns die Sehnsucht vom Meer zu wecken, und tatsächlich segelten wir viermal im Jahr gemeinsam hinaus. Dieser Erfolg war ein Geschenk. Ein Geschenk, das zwar auf unseren Schultern gewachsen, aber trotzdem ein Segen war. Und dennoch war es die innere Motivation, die überhaupt erst die Plattform geschaffen hatte. Macher fördern. Und ganz häufig fördern sie Gutes zutage. Doch gibt es nun eine Art Geheimrezept? Es gibt unzählige Bücher über Personalführung, über Leadership-Strategien und Motivation. Aber ich wollte für dieses Buch lieber wissen, wie jemand mit der inneren Motivation seines Teams umgeht, und mit jemandem dazu sprechen, der gar nicht anders kann, als sich dieser Aufgabe zu stellen, dessen Erfolg vielleicht sogar von der Sehnsucht abhängt, die er erst noch wecken muss. Mein Gedanke fiel auf einen Freund. Martin Busker ist Regisseur. Nach einigen TV-Formaten arbeitet er aktuell an einem Kinofilm und lässt mich, wenn wir uns auf den aktuellen Stand bringen, an seinen Herausforderungen teilhaben. Ich finde Martins Arbeit absolut spannend. Ich habe immer wieder bemerkt, dass die innere Motivation und das Fördern von Ideen und Talenten für ihn keine Nebenprodukte sind. Deshalb hat mich brennend interessiert, was das Entwickeln von Potenzialen für ihn bedeutet und was ich als Wirtschaftler von einem Regisseur lernen kann.

MARTIN BUSKER

REGISSEUR

Es heißt, man solle die Männer nicht nur das Handwerk lehren, sondern vor allem die Sehnsucht nach dem weiten Meer. Findest du dich da in deinem Job wieder?

Martin Busker: Ja, da gibt es tatsächlich Parallelen. Ich kann die Ziele, die ich habe, auch niemals alleine erreichen. In meinen Teams sind durchschnittlich fünfzig Personen und ich habe die künstlerische Gesamtleitung. Meine Aufgabe ist es also, dafür zu sorgen, dass sich alle an meinem roten Faden entlanghangeln können. Fünfzig Prozent des späteren Filmerlebnisses entscheiden sich schon in dem Moment, in dem ich als Regisseur die künstlerisch Verantwortlichen auswähle und die Rollen besetze. Und dabei ist es ein absolut schlechter Ratgeber, nur Leute auszuwählen, die längst eine Vita haben und den größten Erfahrungshorizont, selbst wenn andere einem raten: »Guck dir den mal an, der ist toll« oder »Mit der Frau kann man gut zusammenarbeiten«. Nur nach dem Handwerk zu gehen, wäre nicht hilfreich.

Das überrascht mich. Ich dachte, dass man vor allem Menschen mit möglichst viel Erfahrung sucht.

Martin Busker: Es geht in meinem Job ja ausschließlich um Gefühle, die wir mit dem Film vermitteln wollen. Dieses Ziel erreichen wir nur, wenn alle, die an dem Film arbeiten, das auch von Beginn an spüren und dieses Gefühl in ihre Arbeit hineingeben, ob das der Kameramann ist, der Tonmeister oder der Musiker. Schwingen wir da emotional, wenn wir an dieses Ziel denken, auf der gleichen Frequenz? Wenn ja, ist es mir egal, ob derjenige noch nicht so viel gemacht hat oder schon zehn Filmpreise zu Hause stehen hat. Das ist im Optimalfall ein bisschen so, wie wenn man sich verliebt. Wenn ich merke, dass ich mich nicht in diese Person »verknalle«, um gemeinsam mit ihr auf diese Reise zu gehen, dann kann sie noch so viel Erfahrung und Reputation haben. Wenn es nicht passt, dann passt es nicht. Es müssen Leute sein, mit denen du Lust hast, in den Urlaub zu fahren und Sonnenuntergänge anzugucken. Dann bist du auf der sicheren Seite.

Wie muss man sich das als Laie vorstellen, wenn du für einen Film das Team zusammenstellst, gibt es bestimmte Phasen?

Martin Busker: Ja, du kannst es in vier Phasen einteilen. Die erste Phase ist die Stoffentwicklung, da hält man die Gruppe noch recht klein, um sehr gut auf seine Intuition hören zu können. Viele Köche verderben den Brei, heißt es ja. In der zweiten Phase geht es ganz banal um die Finanzierung. Die dritte Phase ist die Vorproduktion. Da werden dann die Head of Departments besetzt, also die Leute, die für den künstlerischen Erfolg wichtig sind. Da musst du Leute finden, die mit deiner Idee in Resonanz stehen. Mit der vierten Phase, der Drehvorbereitung, habe ich weniger zu tun. Da kommen dann die restlichen Teams hinzu, die den Head of Departments unterstellt sind. Währenddessen bin ich eher mit der Castingphase beschäftigt.

Ich stelle es mir unheimlich schwierig vor, die richtigen Schauspieler zu finden, die zur eigenen Vision passen. Wie gehst du damit um?

Martin Busker: Die richtigen Schauspieler für die Rollen zu finden, ist für das spätere Filmerlebnis entscheidend. Wenn du die perfekte Besetzung gefunden hast, kannst du sogar ein schlechter Regisseur sein, die Szenen funktionieren trotzdem. Hast du dich zu schnell zufriedengegeben, kannst du dich am Set abrackern und die Szene wird nie richtig gut. Für uns Regisseure ist das ein Gefühl, wie wenn man sich verlieben würde. Man sitzt dort und weiß: »Ich bin der richtigen Person begegnet.« Aber – und das ist total wichtig – man darf sich nicht nur auf seinen persönlichen Eindruck verlassen. Kein Casting kann ohne eine Kamera und einen Monitor funktionieren. Die Gefühle, die man hat, übertragen sich häufig nicht über den digitalen Kanal. Oft sind die Schwingungen, die ein Mensch aussendet, einfach nicht leinwandkompatibel. Das lässt sich gar nicht auf irgendetwas herunterbrechen, also auf Schauspieltechnik oder Erfahrung. Das ist einfach der eine magische Moment, wo man weiß: Jetzt sind wir dran.

Würdest du denn das Drehbuch oder die Vision anpassen, wenn du in einem Schauspieler Facetten entdeckst, die sich für den Film anbieten?

Martin Busker: Man versucht natürlich, auf der einen Seite seiner Idee treu zu bleiben und auf der anderen flexibel zu sein. Man gibt sich meistens eine Überschrift: »Warum mache ich eigentlich diesen Film? Warum sind wir dafür angetreten, uns so viele Jahre damit zu befassen?« Und alles muss dieser Idee dienen. Wenn Veränderungen diesem Ziel dienen, ist das total in Ordnung und wichtig. Dabei können Dinge noch besser werden als gedacht, wenn jeder die Vision versteht und intuitiv das Richtige und Passende beiträgt.

Deswegen ist der Spirit sicher auch so wichtig, den du zu Beginn beschrieben hast, oder?

Martin Busker: Absolut. Es gibt nichts Schlimmeres, als am Set zu stehen, wenn jeder insgeheim nur da ist, weil er das als Job macht, und keiner ans Drehbuch glaubt. Drehtage können sehr eintönig sein. Du machst immer wieder das Gleiche. Du drehst ganz kleinteilig irgendwelche Stücke von nur einer Szene. Dieses Filmerlebnis kommt erst im Schnitt. Das heißt, Filme machen ist langweilig, wenn niemand spürt, was man da gerade macht. Deshalb ist es meine Aufgabe als Regisseur, alle vom Drehbuch zu begeistern. Und das funktioniert nur, wenn ich selbst davon begeistert bin.

Wie gehst du mit Schauspielern um, wenn du merkst, dass die Szene noch nicht da ist, wo sie spielerisch sein soll. Aus dem Fördern kann ja schnell ein Fordern werden, das zur Überforderung führt, und dann macht man dicht.

Martin Busker: »Ich bin nicht mehr im Moment«, würde der Schauspieler dann sagen. Und das ist eine extrem gute Frage. Denn es gibt nichts Schwierigeres, als das umzusetzen, was du da gerade beschrieben hast. Auf der Liste der absoluten No-Gos für Regisseure steht: ergebnisorientierte Regie. Damit ist gemeint, dass man sagt: »Ich möchte, dass du das so machst, weil ich möchte, dass dieser Effekt eintritt.« Dann würde der Schauspieler beginnen, sich von außen zu betrachten, und nicht mehr aus seiner Rolle heraus handeln. Das Spielen wirkt dann total hölzern und nicht echt. Dafür gibt es nur eine Lösung, und zwar, dass du aufhörst, über das Ziel zu sprechen. Man spricht stattdessen über die Figur und sagt beispielsweise: »Denk noch mal daran, was diese Person der Figur angetan hat und was das für die Figur bedeutet.« Man versucht also, diese Situation nur über das Innenleben der Figur zu führen. Und so wird dann in der Regel ein Schuh draus. Oder ein Schiff, in deinem Fall.

Vielen Dank für das interessante Gespräch!

Ich war überrascht, wie mit jedem Kapitel und jedem Interview deutlicher wurde, dass mein Plan tatsächlich aufging. Die Facetten, die ich in einem Macher sehe und denen ich deshalb näher auf den Grund gehe, scheinen nicht nur ihre Berechtigung zu haben, sondern eng miteinander zu harmonieren. Martin sprach das wichtige »Warum« an, das auch Bill Mockridge als Schauspieler erwähnt hatte. Die intrinsische Motivation, die der Manager Gert Maichel betont hatte, spielte ebenfalls eine Rolle für ihn. Und selbst an das Gespräch mit Peter Vogel fühlte ich mich erinnert, der mit dem Training von Crews auf Luxusjachten in einer völlig anderen beruflichen Richtung agiert. Das »Abenteuer Macher« bestreitet man tatsächlich nach Gesetzmäßigkeiten, von denen wir lernen können.

Man kann nicht alles aus eigener Kraft schaffen, egal wie kompetent und ehrgeizig man ist.

Drei Aussagen von Martin darüber, wie er die innere Motivation seiner Mannschaft weckt, erscheinen mir besonders wertvoll: »Man kann nicht alles alleine schaffen«, deshalb »die richtigen Leute wählen« und »von innen heraus steuern«. Das Führen und Fördern als Verantwortlicher beginnt mit einer Erkenntnis: Ich kann nicht alles aus eigener Kraft schaffen, egal wie kompetent und ehrgeizig ich bin. Doch diesen Gedanken für sich zu festigen, ist nicht immer einfach. Wer euphorisch und optimistisch losmarschiert, fokussiert sich schließlich nicht darauf, dass er Unterstützung braucht. Er rennt los und will die Welt verändern. Die Erkenntnis, dass Unterstützung dabei hilfreich ist, braucht deshalb manchmal

Zeit, um zu reifen. Um dieses Bewusstsein zu schärfen und die Bedeutung eines Teams zu verinnerlichen, hat sich inzwischen ein großer Coachingmarkt etabliert. Neben all den zahlreichen Teambuilding-Übungen und Spielen gibt es etwas, das ich persönlich am effizientesten finde und nebenbei auch mit Abstand am spannendsten: Escape Rooms. Escape Rooms sind zu einer Abenteuergeschichte passend gestaltete Räume mit Szenen wie aus einem Krimi oder Abenteuerfilm. Die Teammitglieder müssen sich innerhalb einer bestimmten Zeit, meist 60 bis 90 Minuten, von Rätsel zu Rätsel hangeln, diese finden und lösen. Manchmal öffnen sich Geheimtüren, die in einen weiteren Raum führen. Wer solch ein Abenteuer erlebt, wird zwei interessante Beobachtungen machen. Zum einen wird jeder ganz intuitiv seine Fähigkeiten einsetzen, um die notwendigen Hinweise zu finden und die Rätsel zu lösen, und zum anderen wird man feststellen, dass es kaum möglich ist, solch einen Raum allein zu meistern.

Man kann nicht alles aus eigener Kraft schaffen, egal wie kompetent und ehrgeizig man ist. Erst diese Erkenntnis gibt dem Team den Stellenwert, den es braucht, um nicht verwaltet, sondern geführt zu werden. Das Team ist wichtig. Es ist entscheidend für das Weiterkommen, auch für das eigene. Wer diese Notwendigkeit nicht versteht, wird in der »Not« der Notwendigkeit der Hilfe nicht genug Beachtung schenken. Zu verstehen, dass ich das geplante Schiff nicht ohne die Hilfe anderer planen, bauen und zu Wasser lassen kann, macht mir unweigerlich eines klar: Das Team hat einen wichtigen Anteil daran. Wer führt und fördert, hilft anderen, genau diesen Anteil besser zu verstehen und als erstrebenswert zu sehen. Wer einen wichtigen Anteil an etwas hat, hat auch ein Interesse am Erfolg. Doch bereits an dieser Stelle scheiden sich die Geister. Manche Führungskräfte empfinden sich selbst als zu überragend, als dass ihre Größe von dem Dazutun der »Kleinen« abhängen könnte. Doch auch wer nicht in diesem Maße von sich überzeugt ist, kann das Fördern und Führen eines Teams als Herausforderung empfinden, denn das Arbeiten mit Menschen bleibt Arbeit. Aus diesem Grund ist es von solch großer Bedeutung, bei der Wahl des Teams genauer hinzuschauen.

Wer ständig von dem gemeinsamen Ziel überzeugt werden muss, bremst. Aufgabe guter Führung ist es nicht, notorische Zweifler zu beruhigen.

Es ist Aufgabe des Personalmanagements oder der Personalauswahl, diese Bremser gar nicht erst mit an Bord zu holen. An dieser Stelle höre ich bereits einige Stimmen, die kritisch den Zeigefinger heben, weil Leitung auch die Aufgabe des Mitreißens in sich trägt. Des Mitreißens ja, aber nicht des Bekehrens. Genau dieses Missverständnis steht einer guten Führung oftmals als einer der prominentesten Gründe im Weg. Wenn es Ihnen schwerfällt, Ihr Team zwischen der Aufgabenstellung und dem Ergebnis zu fördern und zu führen, und wenn vielleicht sogar das Ergebnis nicht immer passt, dann hat Ihr Team für die gestellte Aufgabe eventuell nicht die richtigen Mitarbeiter. Sie können nicht jede Aufgabe mit jedem Mitstreiter erreichen, so motiviert er auch sein mag. Die Aufgabe guter Führung ist es deshalb nicht, von dem Ziel zu überzeugen, sondern die Energie zutage zu fördern und aufleuchten zu lassen, die sich durch das Brennen für das gemeinsame Ziel ergibt.

Deshalb ist es für Martin so entscheidend, zu spüren, dass sein Gegenüber die Vision versteht und sich mit einer großen Portion Verwirklichung darin wiederfindet. Würde er jedem Verantwortlichen immer wieder erklären müssen, wie das große Ganze auszusehen hat, würde er eher kontrollieren als inspirieren. Martin hat von Momenten erzählt, in denen man beim Dreh improvisieren muss, weil sich Situationen eben nicht ergeben wie geplant. Diese Magie des Moments, in der Dinge einfach passieren, weil jeder sofort spürt, welchen Teil er oder sie beitragen kann, um das Ziel zu erreichen, macht gute Führung aus – vor allem ist sie aber das Ergebnis einer passenden Teamauswahl.

Ein Macher weiß, dass er nicht alle Ziele aus eigener Kraft verwirklichen kann und sich trotz seiner Rolle als Visionär auch unterordnen muss.

Dieser gemeinsame Spirit ist jedoch nicht nur für den Regisseur wichtig. Denn wenn das Filmerlebnis erst im Schnitt sichtbar wird, muss es den Beteiligten leicht gemacht werden, sehr viel Vertrauen in den roten Faden zu haben, den Martin vorgibt. Eine gute Idee auch einfach mal eine gute Idee sein zu lassen und sich nicht durchzusetzen, verlangt Charakter und das Vertrauen in die Fähigkeiten der Person, die am Ende darüber entscheidet, wie gut die eigene Leistung nun tatsächlich wahrgenommen und wertgeschätzt wird. Letztlich ist es an Martin, im Schnitt die Arbeit aller zu einem Gesamtwerk zusammenzufügen, bis er auf dem Monitor das Gefühl hat, das Bild und die Emotion getroffen zu haben. Ein Macher wartet das

Ergebnis also nicht einfach nur ab. Er fügt das »Geförderte« zu einem Ganzen zusammen.

Ein Regisseur ist »ergebnisverantwortlich«. Das trifft auch auf Entscheider innerhalb von Projekten und Unternehmensführungen zu. Manche Führungskraft sagt oder denkt vielleicht: »Ich führe hier die Regie« oder »Ich gebe hier die Regieanweisungen«. Doch überträgt man diesen Begriff aus der Filmwelt auf die Wirtschaft, dann sollte auch das No-Go, das Martin genannt hat, Beachtung finden: keine ergebnisorientierten Regieanweisungen. Die Aufgabe, die Martin als eine der schwersten beschreibt, ist auch in der freien Wirtschaft nicht einfach. Als Ergebnisverantwortlicher nicht über das gewünschte Ergebnis zu steuern, ist eine Herausforderung, denn folgender Gedanke liegt nahe: »Schließlich werde ich dafür bezahlt, das Ergebnis vor Augen zu haben. Ich wurde doch eingesetzt, um die Verantwortung für dieses Ziel zu tragen.« Natürlich darf man auch nicht ins andere Extrem fallen. Es ist ein schmaler Grat, der in der Tat viel Fingerspitzengefühl voraussetzt. Ein Regisseur ist dafür verantwortlich, dass jedem Beteiligten das gewünschte Ergebnis bekannt ist. Aber sobald es in die Detailarbeit geht, legt er einen Schalter um. Er geht davon aus, dass das Bild nun verstanden ist, und begleitet den individuellen Weg des Teams auf der Reise bestmöglich. Man fördert schließlich nicht, indem man immer wieder nur auf das Ziel verweist und fast schon ungeduldig zum Ausdruck bringt, dass es doch eigentlich leicht zu verstehen wäre, wenn man nur genau hinschauen würde.

Erinnern Sie sich an Momente, in denen Sie gedacht haben: »Dann mach es doch selbst«? Genau das würde passieren, wenn ein Regisseur diesen Unterschied in der Führung nicht machen würde.

Nicht ohne Grund arbeitet ein Team gemeinschaftlich an einem Ziel. Es »selbst zu machen« geht nun mal nicht. Zu Beginn des Kapitels ging es um die Phase zwischen Aufgabenstellung und Ergebnis, bei der die innere Motivation, also das Fördern und Führen an Bedeutung gewinnt – das ist nichts anderes als der Anspruch, den Martin hat: keine ergebnisorientierte Regieanweisung.

Doch wie fördert man ein Team von innen heraus, wenn man als Leiter seiner Unternehmung nicht einfach die Gefühle von Filmfiguren in den Mitarbeitern wecken kann wie ein Regisseur? Den richtigen Ansatz zu finden ist mit Sicherheit eine große Herausforderung, der man sich stellen muss. Ein Beispiel aus der Marketingentwicklung wäre eine Broschüren-Konzeption für ein neues Automodell. Hier könnte die Frage an den Mitarbeiter lauten: »Frag dich mal, in welcher Situation du solch eine Broschüre bekommst und worauf du in dieser Situation achtest. Welche Informationen sind dir wichtig und welche bräuchten hier noch nicht zu stehen?«

Ein Macher weiß, dass er nicht alle Ziele aus eigener Kraft verwirklichen kann und sich trotz seiner Rolle als Visionär auch unterordnen muss. Er weiß, dass er sein Ziel nicht anders erreichen kann als durch Fördern. Er fördert seine Idee. Er fördert seine Mitstreiter und in letzter Instanz dadurch das Ergebnis und das Erfolgserlebnis aller. Leidenschaftlich zu managen bedeutet, die Leidenschaft in anderen zu wecken und sie in manchen Fällen mit auf ein Abenteuer zu nehmen, das ganz großes Kino sein kann, wenn alle an einem Strang ziehen.

Leidenschaft entfachen

»Macher leben, was sie tun.«

Diese Welt hat schon viele Helden hervorgebracht. Menschen, die technischen Fortschritt schufen, solche, die das Leben anderer verbesserten, und auch jene, die inspirierten. Jemand, der mich und viele andere in seinen Bann gezogen und die Berufswahl vieler beeinflusst hat, war kein Held. Jedenfalls nicht im herkömmlichen Sinne. Der 1921 geborene Texaner war als Kind klein, schmächtig und hatte neben unerklärlichen Anfällen Probleme mit seiner Atmung. Aufgrund seines unscheinbaren Erscheinungsbilds entwickelte der introvertierte Junge eine besondere Leidenschaft: Lesen. Dank seiner spannenden Bücher flüchtete er in unendliche Welten – manchmal auch in einem kleinen Pappkarton. In der Kiste sitzend kommandierte er die Besatzung seines Raumschiffs, um fremde Galaxien zu erforschen, neues Leben und neue Zivilisationen. Doch irgendwann holt ihn die Realität ein. Es sollten einige Jahre vergehen, bis er seinen leidenschaftlichen, spannenden Geschichten wieder Priorität geben würde. Im Zweiten Weltkrieg diente er als Pilot, später flog er für die Fluggesellschaft »Pan Am« und nutzte seine langen Wartezeiten zwischen Ankunft und Abflug, um zu schreiben. Es dauerte nicht lange, bis er seinen Mut zusammennahm, seinen Job bei »Pan Am« kündigte und mit seiner Frau nach Los Angeles zog. Er wollte als Drehbuchautor neu anfangen. Doch seine Bemühungen waren nicht von Erfolg gekrönt. So heuerte er schließlich als Motorradpolizist an und schob seinen großen Traum erneut beiseite.

Doch Leidenschaft bricht sich Bahn, wie Florian Sitzmann in einem unserer Gespräche so schön sagte. Und so kam es, dass seine Passion für gelungene Texte und Geschichten nicht unbemerkt blieb. Der Polizeichef erfuhr von dem Talent des jungen Mannes und bat ihn, Reden für ihn zu schreiben. Von diesem Erfolg angetrieben, startete der Träumer wenig später einen letzten Versuch, seine Künste als Autor an den Mann zu bringen. Auf seinem Polizeimotorrad, in voller Montur und mit eingeschalteten Signalen, hielt er vor einer Bar, in der sich die wichtigsten Agenten auf einen Absacker trafen, ließ die Signale an, trat ein und fragte laut nach

Irving Lazar. Zögerlich meldete sich der so begehrte und bekannte Agent. Mit großen Schritten ging der Respekt einflößende Polizist auf Lazar zu, legte ihm einen Umschlag auf den Tisch, sagte mit fester Stimme: »Das sollten Sie sich besser anschauen«, und ging. In dem Umschlag war ein Skript. Es dauerte keine 24 Stunden, bis der mutige Motorradpolizist namens Gene Roddenberry seinen ersten Vertrag unterzeichnete. Bald darauf fasste er als Drehbuchautor Fuß und nach weiteren Höhen und Tiefen machte er aus seiner Vision des Raumschiffs »Yorktown« die USS Enterprise. Star Trek war geboren.

Die Vision von Gene Roddenberry beinhaltete jedoch nicht nur Raumschiffe, sondern er zeichnete eine Zukunft, in der es weder Fremdenhass noch Kriege gibt und in der man in Konfliktsituationen eher das Gespräch sucht als die Konfrontation. Nicht umsonst gab es zu dieser gesellschaftlich brisanten Zeit auf der Brücke der USS Enterprise einen russischen und einen japanischen Offizier, ganz zu schweigen von der ersten schwarzen Frau, die im Fernsehen in einer verantwortungsvollen Funktion gezeigt wurde und die nebenbei bemerkt wenig später mit ihrem Captain für den ersten »rassenungleichen« Filmkuss sorgte.

Gene Roddenberry schuf ein Universum, das Werte in den Mittelpunkt stellte, denen man sich auch heute noch gern anschließt. Als junger Kerl war ich mir dieser Hintergedanken nicht bewusst. Der Grund, warum ich von Star Trek fasziniert war, war die Art und Weise, wie der Captain seine Crew führte. Ich war fasziniert von den Werten, denen man sich verpflichtet fühlte, und den Welten, die man gemeinsam erschloss. Bei Star Trek wissen Führungskräfte um die Stärken ihrer Mitarbeiter. Sie lösen die schwierigsten Abenteuer als Team und schätzen einander. Welch bewundernswerter

Ansatz. Hätte man mir einen Job auf der USS Enterprise angeboten – ich hätte ihn angenommen.

Erinnern Sie sich an eine Herausforderung, der Sie sofort nachgegangen wären, wenn Sie die Chance dazu gehabt hätten? Gibt es Welten, in denen Sie sich gern bewegen oder bewegen würden, weil Sie sich dort am richtigen Platz wägen? So etwas zu erleben, ist nicht selbstverständlich. Denn genau wie Gene Roddenberry holt auch uns hin und wieder die Realität ein. Und die zeichnet oftmals ein anderes Bild als das Abenteuer, dem wir uns verpflichten wollen.

Die Ursache dafür, dass wir gern Teil von etwas sind, uns einer Vision anschließen und unser Bestes dafür geben, liegt nicht in Verträgen, sondern in den Werten und Zielen, die uns mit der Sache selbst verbinden. Macher schwärmen von ihrer Überzeugung. Ihre Erzählungen stecken an, begeistern andere und motivieren sie, sich ebenfalls auf das beschriebene Abenteuer einzulassen. Macher und ihre Teams wachsen über sich hinaus, auch weil ihre erste Sorge nicht den 39,5 Wochenstunden gilt, sondern ihrer Verantwortung. Sie bleiben länger im Büro, wenn etwas nicht wie geplant läuft oder gerade weil etwas wie erhofft funktioniert. So werden aus Ideen Produkte und aus Visionären Organisationen. Es entstehen kleine »Wunderwerke«, bei denen sich so mancher Wettbewerber fragt, was diese Menschen wohl anders machen. Obwohl die Begeisterung für die Sache manchmal offensichtlich scheint, fällt es vielen Unternehmern schwer, diese Kräfte in ihrer Unternehmenskultur freizusetzen und zu nutzen. Woran liegt das? In meiner Pra-

Macher schwärmen von ihrer Überzeugung.

xis erlebe ich zwei von sicherlich mehreren Stolperfallen, die Sie leicht vermeiden können. Irrtum Nummer eins ist das »Kopieren«. Das, was das eine Team erfolgreich macht, muss das andere nicht beflügeln. Die Beobachtungen, die man einem Erfolg zuschreibt, lassen sich nicht einfach auf eine andere Herausforderung adaptieren, jedenfalls nicht pauschal. Ein herausragender Projekterfolg mag die Folge eines längeren »Am-Tisch-Sitzens« sein und doch ist das längere Verweilen am Platz nicht der tatsächliche, der eigentliche Grund. Die Frage müsste also lauten: »Warum bleiben die Teams länger?« Die Antwort darauf kann individuell sein. Und doch findet sie sich letztlich in den bereits angesprochenen Werten und Zielen, die man miteinander teilt und die einen in den Bann ziehen. »Ich bleibe, weil mir die Menschen wichtig sind, weil das Projekt ein Teil von mir ist oder weil ich dem Unternehmen etwas zurückgeben möchte« – so könnte die Antwort eines Mitarbeiters lauten. Start-ups tendieren dazu, genau diese Werte und Ziele spürbar zu gestalten. Das beginnt mit der Innenraumeinrichtung und endet mit gemeinsamen Aktivitäten. Wer Feuer entfachen möchte, der muss sich fragen, womit er die Herzen zum Brennen bekommt. Er muss aktiv Werte erlebbar machen.

Und damit sind wir schon bei Irrtum Nummer zwei: dem »Zurücklehnen«. Es reicht nicht, dass der Funke, der überspringen soll, vorhanden ist. Er muss auch auf einen fruchtbaren, oder in unserem Fall entflammbaren, Boden fallen. Wer in der Wildnis ein Feuer entfachen möchte, der braucht neben Feuerstein und Holz auch etwas leicht Entflammbares. Etwas, für das ein Funke ausreicht, um es zum Brennen zu bringen. Wenn man keinen Zunder hat, raspelt man beispielsweise etwas Holz von einem Ast und formt aus diesen Spänen einen kleinen Haufen, der durch den Funken zum

Brennen gebracht wird. Man gibt dem Funken eine Grundlage, auf der er sich entwickeln kann. Diese Grundlage hat eine besondere Wirkung. Sie vergrößert die brennbare Oberfläche der Äste, lässt mehr Sauerstoff an sie heran, und die dünnen Streifen sind leichter entflammbar.

Es gibt Unternehmen, die Werte und Ansprüche in ihrem formulierten Selbstbild zum diktierten Maßstab machen, mehr Reibung als Funken erzeugen und ungeduldig darauf warten, dass aus einer fixen Idee ganz schnell eine heiße Sache wird. Wer so handelt, verbrennt sich höchstens die Finger. Das, was bei Machern im kleinen Rahmen fast von allein ansteckt, braucht im größeren Stil etwas Hilfe. Schließlich ist es etwas anderes, eine Handvoll Enthusiasten zu zügeln, als eine Belegschaft von Hunderten von Mitarbeitern zusammenzuhalten. Wer Menschen für sich gewinnen möchte, der muss Werte erlebbar machen. Und wer Werte erlebbar machen möchte, der darf sie nicht nur definieren, sondern muss ihnen eine Grundlage geben, in der sie gelebt und erfahren werden können. Ein Unternehmen darf also nicht nur als »Vorgeber« fungieren. Es muss als »Vorleber« und Formgeber aktiv in Erscheinung treten. Aber wie kann das aussehen? Wie kann man als mittleres oder großes Unternehmen diesem Anspruch gerecht werden?

Das, was bei Machern im kleinen Rahmen fast von allein ansteckt, braucht im größeren Stil etwas Hilfe.

Die schönsten Monate meines Studiums habe ich bei HUGO BOSS in Ticino in der Schweiz verbracht, erst als Praktikant und später als Diplomand. Noch heute ist HUGO BOSS im Hinblick auf

Leben und Erleben von Werten für mich eines der faszinierendsten Beispiele. Obwohl die Belegschaft ein international zusammengewürfelter Haufen war, hatte man das Gefühl, zusammenzugehören und dazuzugehören. HUGO BOSS Ticino hat es verstanden, Werten eine Form zu geben, und die Mitarbeiter eingeladen, diese Werte, die sie miteinander teilen und für die sie konzentriert arbeiten, zu erleben. Sei es das gemeinsame kostenlose Frühstück, das herausragende Mittagessen und Kaffeetrinken, das HUGO-BOSS-Fußballteam oder viele traumhafte Veranstaltungen. Manchmal brachten uns Charterbusse über die Grenze nach Mailand, um Champions-League-Spiele zu erleben. Auch mich, dabei war ich nur ein Student, kein Verantwortungsträger. Die gesamte Atmosphäre im Unternehmen war sehr wertschätzend und »ein Teil davon zu sein« für mich ein Genuss.

Der damalige Managing Director von HUGO BOSS Ticino hat meine Diplomarbeit betreut. Für mich Grund genug, um mich nach all der Zeit zu melden und mich mit ihm über meine Erfahrungen bei HUGO BOSS Ticino zu unterhalten. Frederic Klumpp, der heute als »Senior Vice President Global Human Resources« weltweit für die Mitarbeiter des Konzerns verantwortlich ist, erinnerte sich zu meinem Glück an den jungen ambitionierten Studenten, der damals in seinem Türrahmen gestanden hatte, und nahm sich Zeit für unser Gespräch.

FREDERIC KLUMPP

SENIOR VICE PRESIDENT GLOBAL HR, HUGO BOSS

Herr Klumpp, es ist jetzt zehn Jahre her, dass ich meine Diplomarbeit in Ihrem Unternehmen geschrieben habe, und ich erinnere mich noch sehr gern an die Zeit bei HUGO BOSS, das Miteinander und die Werte, denen man sich verbunden fühlte. Mich würde interessieren, wie Sie dieses Miteinander erlebt haben.

Frederic Klumpp: Ich bin über 20 Jahre bei HUGO BOSS und habe keine Minute bereut. Ich hatte damals, als HUGO BOSS den Lizenznehmer für Hemden in der Schweiz gekauft hatte, die Aufgabe, das Thema »BOSS« dort zu etablieren. Natürlich waren da Strukturen zu schaffen, natürlich war das Ambiente umzugestalten, aber nachdem ich im Headquarter in Metzingen BOSS »eingeatmet« hatte, war für mich sehr schnell klar: Ich möchte hier, an diesem neuen Standort, die Leidenschaft »BOSS« entfachen. Die gab es als solche nicht. Man hat Hemden für HUGO BOSS produziert, aber man war nicht »BOSS«.

Das Gestalten dieses Gefühls hat sicherlich viel Fingerspitzengefühl gefordert. Wie haben Sie sich diesen Spirit erarbeitet?

Frederic Klumpp: Damals gab es keine HUGO-BOSS-Vision. Wir wussten aber, dass wir für den neuen Standort in Ticino eine brauchten. Also haben wir die HUGO-BOSS-Ticino-Vision erstellt. Das hat dazu geführt, dass wir die Namensgebung änderten und HUGO BOSS Ticino auch formell gegründet haben, dass wir dieselben Möbel wie HUGO BOSS eingeführt und auch das Ambiente entsprechend gestaltet haben. Aber am Ende war für mich klar: Es sind die Menschen. Die Menschen haben die Emotionen, das Engagement und kreieren letztlich auch die Produkte. Deshalb müssen sie infiziert sein von diesem Gedanken. Aus diesem Grund haben wir die Vision und die Werte zusammen mit der Belegschaft entwickelt. Ich kann sie noch heute auswendig: »We Master Fashion Flow«. Die Vision beinhaltet unterschiedliche Elemente und da kommt dieses »Miteinander«, also die Menschen, an erster Stelle. Auf das »Wir« haben wir bei HUGO BOSS schon immer einen sehr großen Wert gelegt. Es war mir als Geschäftsführer wichtig, zu sagen: »Alleine kann ich gar nichts, aber wir im Team schon.« Wir wollten das zusammen tun, in unserem Netzwerk. Und da kommen eben auch die Studenten rein, um die Leidenschaft mitzuteilen und zu leben.

Erinnern Sie sich noch daran, wie viel Zeit dieser Prozess der Visionsentwicklung in Anspruch genommen hat? Sie haben diesen Prozess und das Ergebnis ja nicht einfach von einer Werbeagentur eingekauft.

Frederic Klumpp: Von der Idee und Vision bis zu dem Moment, wo »We Master Fashion Flow« feststand, waren es gut zwölf Monate.

Ich kann mir gut vorstellen, dass manche Unternehmer sich solch einem Investment nicht stellen wollen. Gibt es Ihrer Ansicht nach, neben psychologischen Aspekten, auch wirtschaftliche Potenziale, die man verschenkt, wenn man nicht lebt, was man sich auf die Fahne geschrieben hat?

Frederic Klumpp: Unbedingt. Dazu gibt es ja inzwischen sehr viele Beispiele. Einige Untersuchungen setzen Mitarbeiterengagement in Relation zum wirtschaftlichen Erfolg der Unternehmen und zeigen empirisch, dass der Gewinn überproportional hoch ist, wo das Engagement hoch ist. Ich glaube, auch die Größe der Belegschaft ist ein wichtiges Element. Von 450 Mitarbeitern auf eine globale Mitarbeiterbewegung von 14 000 – das sind komplett unterschiedliche Herausforderungen.

Gibt es Ihrer Erfahrung nach einen Gedanken, der für das Grundverständnis in solch einem Prozess entscheidend sein kann?

Frederic Klumpp: »People before profit«, denn »people« generieren »profit«. Und dieses Motto, »Den Menschen in den Mittelpunkt zu stellen«, Menschen mitzureißen, Menschen zu begeistern, dient am Ende dem Zweck, das Unternehmen erfolgreich zu machen. Denn Menschen, die hoch engagiert sind, ihre Kompetenzen haben, sie mit Leidenschaft einsetzen und im Sinne des Unternehmens in einem vertrauensvollen Ambiente agieren, stellen sicher, dass wir Profit generieren.

Solch eine Vision zu leben, kann für den einen oder anderen tatsächlich anspruchsvoll sein.

Frederic Klumpp: Das mag sein. Und trotzdem ist es sehr wichtig, dass solch ein Thema auch authentisch rüberkommt. Es darf kein Schein sein. Deswegen glaube ich, wer auch immer dieses Thema vertritt, wer die Nummer eins einer Unit oder einer Organisation ist, der muss das, was er anderen auf die Fahne schreibt, selbst leben. Das beste Beispiel hierfür war Steve Jobs. Der Profit war eine Folge der konsequenten Umsetzung der Fragen: »Wie arbeiten wir zusammen? Was möchten wir tun? Und haben wir auch Spaß dabei, selbst wenn das Leben nicht nur aus Spaß besteht?« Ich setze beispielsweise Anwesenheit nicht mit Arbeit gleich. Man muss ja nicht immer nur am Schreibtisch sitzen, um produktiv zu sein. Warum setzt man sich nicht mal im Café-Bereich unter einen Olivenbaum und hält dort eine Besprechung?

Dieses »Warum« ist eine gute Frage. Ich kann mir vorstellen, dass in vielen Unternehmen eine Erwartungshaltung geprägt wird, die eher fragt: »Warum sitzt er oder sie gerade nicht am Schreibtisch?«

Frederic Klumpp: Die Frage nach dem Warum ist wichtig. Sie ist auch die zentrale Frage zwischen Management und Mitarbeitern. Also warum sind wir hier? Was ist der philosophische Heartbeat eines Unternehmens? Das wird vor allem bei der jungen Generation hinterfragt. Man muss nicht mehr zwingend bei einem erfolgreichen Unternehmen beschäftigt sein, sondern sucht eine Sinnstiftung. Das kleinste Rädchen in der Schweizer Uhr weiß: »Ohne mich läuft nichts. Doch mit mir laufen auch die großen Räder.« Übertragen auf das Unternehmen ist es daher sehr wichtig, diese Sinnstiftung zu erreichen. Das ist etwas, was ganz viel Energie freisetzt. Ich kann letzten Endes nur durch die Warum-Frage Menschen in Bewegung setzen und Energie freisetzen hin zu einem gemeinsamen Ziel.

Vielen Dank für das interessante Gespräch!

»People before profit« – das ist in der Tat eine starke Aussage. Besonders wenn man bedenkt, dass es sich bei dem betreffenden Unternehmen nicht um eine Wohltätigkeitsorganisation handelt, sondern um einen börsendotierten Globalplayer. Da ich als früherer Mitarbeiter von den Früchten dieser Aussage profitieren durfte, war das Gespräch mit Frederic Klumpp in doppelter Weise wertvoll für mich, denn neben dem inspirierenden Inhalt brachte es für mich die Erinnerung an viele tolle Momente. Mir war nicht bewusst gewesen, wie eng Frederic Klumpp mit der Geschichte von HUGO BOSS Ticino verbunden war und dass meine Erfahrungen und die vieler anderer auch ganz anders hätten aussehen können, hätte er sich nicht in dieser Form für die Corporate Culture eingesetzt.

Die Werte, in denen ich und andere so motiviert aufgingen, waren keine Selbstverständlichkeit. Die Verantwortungsträger hätten das damals erworbene Unternehmen in seinen Grundzügen so bestehen lassen können. Es hätte mit großer Wahrscheinlichkeit den geplanten Umsatz generiert, aber ich hätte es vermutlich nicht als positives Beispiel in dieses Buch aufgenommen. Frederic Klumpp hätte all den Aufwand, all die Strukturierung in diesem Ausmaß nicht auf sich nehmen müssen. Und doch ließ er sich darauf ein. Er konnte nicht anders, als das, was er an »BOSS« in Metzingen »eingeatmet« hatte, an andere weiterzugeben.

Mit Sicherheit ist diese Einstellung Typ-Sache. Eine Corporate Culture muss man wollen, von ganzem Herzen. Sich auf diese Herausforderung einzulassen, braucht Überzeugung. Denn natürlich funktioniert ein Unternehmen auch »so«. Wenn man Menschen als wirtschaftlichen Faktor betrachtet, dann darf man in der Betrachtung davon ausgehen, dass man die Leistungen, die bei der Rollenbesetzung vereinbart wurden, sehr nüchtern einfordern kann, ohne viel Emotionalität. Wer wirtschaftliche Ziele mit wirtschaftlichen Ressourcen verfolgt, der darf und muss sachlich kalkulieren können, ohne sich Zahlen schönzurechnen, weil doch die Stimmung im Unternehmen so gut ist. Sprechen wir über das Erleben von Werten, dann darf die Frage nicht lauten: »Wie viel Unternehmenskultur ist nötig, damit der Laden läuft?«, sondern stattdessen:

»Welche Kultur lohnt es zu fördern, damit das Ergebnis herausragend wird?«

Erfolgreiche Unternehmen meistern Herausforderungen, die sie in der Planung noch nicht sehen. Sie leben von dem Austausch der Menschen, die sich über ihre Rollenbeschreibung hinaus durch ihre Ideen und ihre Bereitschaft, sich zu investieren, einbringen.

Diese Motivation, die über den Gehaltscheck hinausgeht, kommt nicht von ungefähr. Wie Frederic Klumpp erwähnte, ist die Sinnstiftung heutzutage ein wesentlicher Faktor in der Auswahl des Arbeitgebers. Wer Menschen dazu bewegen möchte, ihr Bestes zu geben, der erreicht dieses Ziel nur über die Frage nach dem Warum. Man kann durch gemeinsame Werte und Ziele andere Menschen zwar für eine Sache gewinnen und mitreißen, aber das Warum spielt die Hauptrolle.

Der erste Irrtum, Arbeitsbedingungen und Atmosphären zu kopieren, adressiert genau dieses Thema. Denn das Warum ist einzigartig, es lässt sich nicht einfach vervielfältigen. Wenn Sie Menschen dazu bewegen wollen, sich aus ganzem Herzen zu investieren,

Ein Unternehmen, das nur als Ganzes funktioniert, muss eine Leidenschaft auch als Ganzes teilen, damit es etwas Außergewöhnliches bewegt.

dann profitieren Sie von zwei Erkenntnissen: Jeder Mensch hat einen eigenen, ganz persönlichen Grund, sich zu investieren, genauso wie auch Ihre Unternehmung durch einen Grund definiert und gerechtfertigt wird. Man passt immer dann herausragend zueinander, wenn die Antworten auf die Frage nach dem »Warum« auf beiden Seiten harmonieren. Das Zusammenpassen ist jedoch nur die eine Seite der Medaille, das tatsächliche Zusammenarbeiten eine andere. Denn man arbeitet erst dann herausragend zusammen, wenn diese Gründe, die einen verbinden, erlebbar werden. Sie müssen Realität werden. Und genau hier wird der Anspruch zur Herausforderung. Wer es als Geschäftsführer eines Unternehmens nicht schafft, die Gründe und Wertvorstellungen authentisch zu leben, wird dieses hohe Engagement, das Überdurchschnittliches erreicht, nicht bewirken.

Den Leiter in der Pflicht zu sehen, ist wichtig. Ein Unternehmen, das nur als Ganzes funktioniert, muss eine Leidenschaft auch als Ganzes teilen, damit es etwas Außergewöhnliches bewegt. Ohne jemanden, der sich für das Erleben, für die Werte und das Miteinander verantwortlich fühlt, geht es nicht. Der Leiter muss also Leidenschaft erlebbar gestalten, im besten Fall seine eigene. Eine gelebte Corporate Culture hat jedoch noch weitere, eher unscheinbare Effekte, von denen Macher profitieren.

Die Leidenschaft bricht sich Bahn. Dass Ideen manchmal auch dann kommen und ihre Zeit einfordern, wenn man es nicht geplant hat, haben wir schon häufiger in vorherigen Kapiteln festgestellt. Dass Angestellte es sich selbst erlauben, auch in der Freizeit berufliche Gedanken fließen zu lassen, ist etwas, das nur die Corporate Culture erreicht. Natürlich kann man seine Mitarbeiter auch extrinsisch dazu bringen, dass sie gar nicht anders können, als die Gedanken permanent um die Arbeit kreisen zu lassen. Der Effekt ist jedoch ein anderer. Was mir wichtig ist, das beschäftigt mich von ganz allein. Und zwar im positiven Sinne. Es bringt mich auf positive Gedanken, die durch meine Leidenschaft bewegt werden. Nicht durch meine Sorge, vielleicht meinen Arbeitsplatz zu verlieren, die Stress bis hin zur Erschöpfung erzeugt.

Die meisten meiner Ideen, die ich auch im Nachhinein für sehr gut halte, kamen mir nicht am Schreibtisch, sondern im Auto, im Badezimmer, beim Fahrradfahren oder beim Putzen. Ich weiß zu hundert Prozent, dass mir diese Gedanken nicht in den Sinn gekommen wären, wenn ich am Schreibtisch gesessen hätte. Offen zu sein für Gedanken, die aus dem Alltag herausragen und eine Unternehmung herausragend erfolgreich machen, ist das Ergebnis gelebter Werte.

Erlebbare Werte sind aber auch eines der wichtigsten Mittel, um Personal zu halten, vor allem heute, wo Fachkräfte oft und einfach abgeworben werden. Wenn ein Mitarbeiter in einem Unternehmen, das Wertschätzung lebt, einem Headhunter begegnet, erkennt er zwar die angebotene Herausforderung, das Gehalt und den Glamour, aber er kann nicht wissen, ob er in der neuen Unternehmenskultur ähnlich wertgeschätzt und gefördert werden wird wie in der aktuellen. Also bleibt er meist lieber bei dem, was ihm wichtig ist. Umgekehrt kann es aber auch passieren, dass sich jemand trotz einer geringeren Vergütung für eine Verantwortung in einem kleineren Unternehmen entscheidet, wenn er im großen keine Wertschätzung erlebt. »Macher sein« bedeutet also nicht nur, die eigene Leidenschaft zu managen, sondern auch die Leidenschaft anderer. Das Schöne ist, dass dieser Einfluss Auswirkungen in zwei Richtungen hat. Eine gelebte Corporate Culture führt zur Produktivitätssteigerung und zur Verbesserung des Unternehmenserfolgs und sie steigert die Mitarbeiterzufriedenheit. Die Mitarbeiter merken, dass sie hier an der richtigen Stelle sind. Sie spüren, dass ihre Leidenschaft gefördert wird, dass ein Vertrauen in die eigene Person vorhanden ist. Sie erinnern sich an die holländischen Holzschuhe, die der Architekt unterm Tisch trägt, weil er auf diese Weise wesentlich kreativer sein kann. Werte zu leben und zu erleben, bedeutet Vertrauen in das Individuelle. Vertrauen in den Umstand, dass wir eben nicht alle gleich funktionieren und nicht unser Bestes zur Entfaltung bringen, wenn wir alle gleich durchs Unternehmen laufen.

Gab es auch in Ihrem Leben eine Herausforderung, die Sie sofort in Angriff genommen hätten, wenn man Sie gefragt hätte? Wenn ja, hat sie das Thema mit Sicherheit nicht nur durch wohlklingende Versprechungen gelockt. Macher motivieren andere dazu, über sich hinauszuwachsen, weil sie Werte nicht nur formulieren, sondern leben und erlebbar gestalten. Wenn der eigene Antrieb zur Herausforderung passt, dann kann man nicht anders – dann möchte man sich der Mission anschließen. Auf welcher Mission befindet sich Ihre Unternehmung?

Nicht jeder Wurf muss treffen

»Macher scheitern erfolgreich.«

»Einfach nur den Ball werfen. Mehr nicht. Zielen, ausholen und werfen.« Ich war schon immer gut im Werfen. Wobei es eher das Treffen war, das mir lag. In der Schule musste ich nicht aufstehen, um nach vorn zum Papierkorb zu gehen. Ich warf aus der dritten Reihe – und traf. Es war kein Zeichen von Sportlichkeit, eher von Neugier. Denn ich traf, ohne es wirklich zu ahnen. Und das mit Leichtigkeit.

Im Jahr 2014 spielten im Stadion der Dortmund Wanderers, einem der wenigen mit Flutlicht bestückten Baseballstadien in Deutschland, die Nationalteams von Deutschland und Kanada gegeneinander. Wie bei solchen Spielen üblich, wurde einer außenstehenden Person die Ehre zuteil, den ersten Ball zu werfen, den »First Pitch«. Wo sonst bekannte Gesichter auf dem Platz standen und warfen, stand diesmal ich. Eine Ehre. Ich habe selten ein so schönes Dankeschön für eine Marketingbegleitung erhalten. Die Einladung anzunehmen, war für mich selbstverständlich. Es war einerseits etwas Besonderes und andererseits ging es im Kern nur darum, einen Ball zu werfen. Geradeaus. Und ich traf ja eigentlich immer. Mit Leichtigkeit.

Schließlich war es so weit. Ich wurde aufs Feld geführt. Die Spieler standen abseits. Die Musik spielte. Und während meine Aufmerksamkeit zuerst meinem eingezogenen Bauch und meinem gewollt sportlichen Anblick galt, schlugen meine Gedanken plötzlich um. Denn die 18 Meter zum Catcher, den mein Ball gleich erreichen sollte, erschienen umso länger, je länger man mich über die Lautsprecheranlage vorstellte. Plötzlich war er da: der Druck. Ich begann mit mir selbst zu sprechen: »Einfach nur den Ball werfen. Mehr nicht. Zielen, ausholen und werfen. Aber mit welcher Armbewegung hole ich eigentlich aus? Wie halte ich den Ball? Soll ich eher hoch werfen oder eher schnell und flach?« Was sonst mit Leichtigkeit intuitiv passierte, wurde von mir plötzlich analysiert. In einzelne Vorgänge zerlegt, geprüft, hinterfragt und theoretisch optimiert. Und warum? Ich hatte die Leichtigkeit verloren, weil ich mir verboten hatte, das Ziel zu verfehlen.

Wo Leichtigkeit zu Erwartungsdruck wird, nimmt uns dieser die produktive Freude und ersetzt sie durch den schlichten Wunsch der Erleichterung. Wer eine Situation erleichtert »überstanden« hat, wird sich nicht so schnell noch einmal dafür aufmachen. Die Angst vorm Scheitern lähmt. Wer Angst hat zu versagen, schmeißt sich nicht ins Abenteuer. Er tastet sich heran. Skeptisch, prüfend und langsam.

Haben Sie einen Ball schon einmal so verworfen, dass Sie vor Scham im Boden versunken sind? Ich schon. Und mir wurde klar: Das kann mir wieder passieren. Ich könnte den Ball zu spät loslassen und ihn dann nur zwei Meter vor mir auf den Boden werfen, wie ein trotziges Kind. Die Zuschauer könnten mich auslachen, sich fragen: »Warum nimmt der überhaupt so eine Herausforderung an, wenn er nur solch einen erfolglosen Wurf landet?« Und das fragte ich mich in diesem Moment auch. Einen erfolglosen Wurf zu landen, ist ein Risiko. Es ist immer ein Risiko. Das kennen wir auch aus unserem Job. Wir betonen es sogar: Ohne Risiken gibt es keine Chancen. Oder anders gesagt: »Wer nicht wagt, der nicht gewinnt.« Aber dürfen wir überhaupt nicht gewinnen? Dürfen wir danebentreffen, ohne dass an unseren Kompetenzen, unserem Gehalt oder unserer Position gesägt wird?

Wenn wir uns die herrschende Literatur in der BWL-Welt anschauen, stellen wir eins fest: Es geht ums Gewinnen. Es geht darum, einen erfolglosen Wurf zu vermeiden. Die Businesswelt mag anscheinend keine Verlierer. Peter Vogel, der CEO der Luxury Hospitality Academy, berichtete mir vor Kurzem von einer interessanten Talkshow-Runde im niederländischen Fernsehen. Thema war das

Geldgeber gehen davon aus, dass man durch einen Fehlschlag kompetenter seinen Weg weitergeht.

Sammeln von Venture Capital, also Kapital für eine Start-up-Gründung. Dabei stellten die Diskussionspartner fest, dass die Akquise des Kapitals in den USA unter anderen Voraussetzungen geschieht als in den Niederlanden. Denn während es einem in den Niederlanden – und auch in Deutschland – recht schwer gemacht wird, Geld zu sammeln, wenn man mit einer Unternehmensgründung schon einmal danebengetroffen hat, ist das Danebenliegen in den USA häufig erst die Voraussetzung für ein entsprechendes Gespräch. Die Geldgeber gehen davon aus, dass man durch einen Fehlschlag etwas gelernt hat und nun erfahrener und kompetenter seinen Weg weitergeht.

Wenn man diesen Umstand berücksichtigt, müsste man der BWL-Literatur eigentlich Bücher hinzufügen mit Titeln wie »Fehler richtig machen« oder »Mit Fehlschlägen zum Erfolg«. Doch selbst wenn wir solche Bücher lesen würden, würde das nichts daran ändern: Wir wollen Gewinner sein und erlauben es uns nicht, danebenzuliegen. Zumindest erlauben wir uns nicht, es uns einzugestehen oder vor anderen darüber zu reden. Und doch finden wir in eben dieser misserfolgsscheuen Fachliteratur einen Hinweis, der das Danebenliegen erlaubt. Der uns, obwohl er so klein und unscheinbar ist, wie mit Stadionlautsprechern zuruft: »Du darfst nicht treffen! Ja, du musst sogar manchmal danebenliegen, um dein Ziel zu erreichen.«

Gemeint ist der so häufig angeführte Strategiekreislauf. Der Strategiekreislauf beschreibt eine Abfolge von festgelegten Handlungsschritten, die sich, wie der Name schon sagt, wiederholen. Grob gesagt geht es um die Fragen: »Wo möchte ich hin? Und wie komme ich dort an?« Der Kreislauf findet sich nicht nur in zahlreichen BWL- und Managementbüchern, sondern auch in vielen weiteren Fachgebieten. Der Kreislauf ist das Sinnbild der Entwicklung. Wohlgemerkt, der Entwicklung. Nicht der Wiederholung. Denn es geht nicht darum, eine bestimmte Tätigkeit oder ein bestimmtes Ziel immer wieder zu erreichen, sondern darum, zu prüfen: »Bin ich schon angekommen? Nein? Was kann ich verbessern?« In der Regel besteht der Kreislauf aus vier Schritten: Analyse, Planung, Umsetzung und Kontrolle. Sie können sich diesen Strategiekreislauf wie das Spiel »Topfschlagen« vorstellen. Am Ende jedes Meters überprüfen Sie, ob die Richtung stimmt und wo Sie Kurskorrekturen vornehmen sollten.

Spannend ist häufig, wie der Kreislauf erläutert wird und wie ausführlich dabei die einzelnen Stufen vorgestellt werden. Über die einzelnen Stufen kann man reden, bis einem der Hals trocken wird. Ganze Vorlesungen könnte man mit Literatur füllen, die die ersten Stufen beschreiben. Doch bei der letzten Stufe beendet der Referent oder Berater das Thema meist ganz schnell: »Und dann kommen wir noch zur letzten Stufe, der Kontrolle. Sie ist grundlegend wichtig für unsere Strategie, weil wir durch das Prüfen und Anpassen sicherstellen, dass wir unser Ziel nicht aus den Augen verlieren und es tatsächlich erreichen.«

So oder ähnlich lauten Erläuterungen, die ich bisher hierzu gehört habe. Inhaltlich zwar korrekt, aber bei Weitem keine Erklärung für das, was innerhalb der »Kontrolle« eigentlich passiert. Machen wir uns doch nichts vor. Im Kern von dieser letzten und enorm wichtigen Stufe geht es in erster Linie nicht um das Kontrollieren, sondern um das Danebenliegen. Um falsche Entscheidungen. Es geht um erfolglose Würfe. Es geht darum, sich einzugestehen, dass etwas nicht sofort so funktioniert, wie man es sich vorstellt. Und zwar nicht als überraschende Erkenntnis. Wir wissen schließlich von Beginn an, dass diese bewährten »Strategie-Stufen« sich nicht wie von Zauberhand aus der Not geboren in einen Kreislauf verwandeln, der uns diskret drauf aufmerksam macht, dass wir es noch einmal probieren sollten. Es geht darum, dem Danebenliegen und Darauslernen den gleichen Stellenwert zu geben wie allen anderen Stufen auch. Ein erfolgloser Wurf ist nicht verwerflich.

Die tatsächliche Herausforderung ist allerdings nicht das Danebenliegen. Das schaffen wir von ganz alleine. Herausfordernd sind zwei ganz andere Dinge: zu erkennen, wo man danebenlag, und daraus zu lernen. Sich selbst Fehler einzugestehen ist nicht unbedingt eine Wohlfühldusche für unser Selbstbewusstsein. Und an sich selbst oder einem Projekt wiederholt zu arbeiten, um noch besser zu werden, ist nicht immer das, wonach einem gerade die Lust steht. Danebenliegen zu akzeptieren, braucht Charakter.

Kennen Sie auch die Typen, denen es augenscheinlich immer glänzend geht? Die permanent davon schwärmen, wie erfolgreich sie sind? Die selbst in den offensichtlichsten Momenten des eigenen Danebenliegens den Anschein erwecken, sie würden mit jedem Wurf treffen? Ich finde solche Leute als Vorbild oder Weggefährte langweilig. Denn von ihnen kann man nur wenig lernen und sich auch nur wenig sagen lassen. Wer mehr mit dem Glänzen beschäftigt ist als mit dem Kontrollieren, der bleibt unter seinen Möglichkeiten. Wenn wir uns prominente Macher anschauen, dann wird sehr schnell deutlich, dass der allseits bekannte Erfolg nur die Spitze des Eisbergs ist. Man erkennt, dass die Errungenschaft auf vielen Tiefschlägen aufgebaut hat. Auf Jobs, Entscheidungen und

Lebensphasen, die alles andere als ins Schwarze getroffen haben. Misserfolge sind erlaubt.

Von meinem bevorstehenden Wurf hing nichts ab. Gar nichts. Wenn ich überlege, aus welch unglaublichen Winkeln ich mit Leichtigkeit geknüllte Alufolie majestätisch in halb geschlossene Mülleimer befördert hatte, gab es überhaupt keinen Grund, an mir zu zweifeln. Ich hätte einfach werfen können. Aber es ging nicht nur darum, zu werfen. Es ging darum, es mit Leichtigkeit zu tun. Mit Leidenschaft. Und die hatte ich in diesem Moment nicht mehr. Wie schaffen das nur die richtigen Pitcher? Vor allem in Situationen, die wirklich entscheidend sind?

Misserfolge gehören dazu, wenn man erfolgreich sein möchte oder erfolgreich werden möchte. Die Frage ist: Wie gehen wir persönlich mit einem erfolglosen Wurf um? Und wie gehen wir mit Entscheidungen um, die uns danebentreffen lassen? Jemanden zu diesem Thema nach seiner Meinung zu fragen, der wie ich viele seiner Entscheidungen am Schreibtisch trifft, unbeobachtet und stets mit der Möglichkeit, einen schlechten Wurf schönzureden, war mir zu einfach. Deshalb habe ich stattdessen einen Fußballspieler ausgewählt. Wie muss es sein, wenn man vor Tausenden von Zuschauern vors Tor prescht und sich dann fragt: »Oben rechts oder unten rechts in die Ecke?« Fußball ist ehrlich. Entweder du triffst oder du triffst nicht. Entweder du kommst in die Finalrunde oder du fliegst schon in der Gruppenphase raus. Und damit muss man umgehen können. René hat als Fußballspieler unter anderem für den VfL Bochum gespielt und macht nun als Nachwuchstrainer die jungen Profis von Arminia Bielefeld fit.

RENÉ MÜLLER
FUßBALLTRAINER, ARMINIA BIELEFELD

Wie ist das eigentlich, wenn du im Stadion der letzte Mann vor dem gegnerischen Tor bist und dann vor Tausenden von Augen die Entscheidung treffen musst, zu schießen? Denkst du da drüber nach, was passieren könnte?

René Müller: Also in dieser Situation ist man erst mal mit sich selbst beschäftigt. Du hast ja ein Ziel vor Augen. Du willst das Tor erzielen, da nimmst du das Drumherum nur noch unterbewusst wahr. Du musst im Bruchteil einer Sekunde Entscheidungen treffen und hast kaum einen Blick für den Rest. Falls du den Ball verbaselst, nimmst du die Reaktionen der Zuschauer zwar wahr, aber beschäftigst dich eigentlich nicht lange damit. Denn nach dieser Situation bist du ja direkt wieder in einer neuen. Du bist eher mit dir selbst beschäftigt und ärgerst dich vielleicht im schlechtesten Fall über deine Leistung.

Das heißt, du denkst in diesem Moment, wo dich alle beobachten, gar nicht darüber nach, was passieren kann, wenn du den Ball verziehst?

René Müller: Gar nicht. Man hat ja immer den Anspruch, zu gewinnen. Natürlich weiß man, dass die Situation gerade entscheidend ist, aber du stehst ja auf dem Platz, um etwas zu entscheiden. Daher geht es für mich eher darum, aus der Komfortzone herauszukommen und bereit zu sein, Risiken einzugehen. Aber egal, ob Sieg oder Niederlage – jedes von den beiden Ereignissen hat eine Aussagekraft. Daraus die richtigen Erfahrungswerte zu ziehen, das ist für mich das Entscheidende. Dann kann auch eine Niederlage einen positiven Effekt haben.

Wie gibst du diese Gedanken an deine Spieler weiter, gerade im Nachwuchsbereich?

René Müller: Man hat natürlich schon irgendwo eine Grundsatzerwartung, die sich je nach Spieler unterscheidet, es ist etwas anderes, ob man im Profibereich arbeitet oder im Nachwuchsbereich. Und natürlich ist Fußball ein Spiel, auch wenn manchmal unheimlich viel auf dem Spiel steht. Aber ich muss Jugendlichen im Nachwuchsbereich die Möglichkeit geben, Erfahrungen zu sammeln. Sie dürfen und können Fehler machen. Im Profibereich kann dich dieser Leitsatz »Sie dürfen und können Fehler machen« als Spieler und Trainer deinen Job kosten. Da hast du natürlich eine bestimmte Erwartungshaltung an den Spieler. Du erwartest, dass er seine Leistung entsprechend seinem Level richtig einsetzt. Und dennoch passieren Fehler. Dann muss man darauf schauen, ob sich ein Muster entwickelt oder ob es ein Ausrutscher war. Das ist in diesem Moment nur menschlich. Wir sind keine Maschinen. Auch der Profi ist keine Maschine, die auf Knopfdruck produziert, abliefert und bei der am Ende des Tages ein schönes Produkt rauskommt.

Man vergisst manchmal, wenn man mit Freunden im Biergarten sein Team anfeuert, dass die Jungs auf dem Platz auch einen Job mit Höhen und Tiefen haben, die man als Zuschauer nicht sieht.

René Müller: Ja, das ist schon so. Wenn du dir die Kaderstruktur der einzelnen Mannschaften anguckst, dann sind im Schnitt 24 Feldspieler und zwei Torhüter drin. Aber jeder weiß, dass man nur mit elf Männern spielt. Also sitzen sieben Spieler während des Spiels auf der Bank und die restlichen acht auf der Tribüne. Mit all diesen Facetten muss man sich als Spieler irgendwann in seiner Karriere auseinandersetzen. Gerade wenn es mal nicht so gut läuft, man nicht im Kader ist oder nicht in der ersten Elf.

Das muss tatsächlich ein herausforderndes Gefühl sein, mitzutrainieren und dennoch vom Platz entfernt zu sein. Letztlich sitzt ja fast eine komplette Mannschaft am Rand und hat mit dem Spielgeschehen nichts zu tun.

René Müller: Ja, dazu passt der Spruch: »Den Wind kann ich nicht ändern, aber ich kann das Segel anders setzen.« Das habe ich selbst auch schon erlebt. In Augsburg hat man mir mitgeteilt, dass man bereit wäre, mich abzugeben. Ich hatte aber noch keinen anderen Verein, also hat man mir angeboten, trotzdem noch weiter mitzutrainieren. Das war für mich nicht unbedingt ein schönes Gefühl, aber ein zusätzlicher Ansporn. Drei Wochen nach der Vorbereitung hatte ich dann einen neuen Verein und bin mit gutem Gefühl gewechselt, weil ich körperlich und mental topfit war.

Wenn ich dich richtig verstehe, versuchst du eine gewisse Balance zwischen den positiven und negativen Momenten zu halten, um weiterzukommen.

René Müller: Ja, Balance ist ein gutes Stichwort. Man sagt ja manchmal, dass man zwei Schritte zurückgehen muss, um einen nach vorne zu tun, dann aber vielleicht in eine bessere Richtung. Man neigt schon dazu, in den Extremen zu leben. Für mich ist es eine spannende Herausforderung, mich nicht diesen Extremen hinzugeben, sowohl im Erfolg als auch im Misserfolg. Das ist nicht immer einfach.

Es ist manchmal schwierig, zu erkennen, dass hinter jedem Misserfolg auch positive Aspekte stecken, und umgekehrt. Wenn man nur auf das Ergebnis schaut, dann kommt man nicht weiter, würdest du das auch so sehen?

René Müller: Absolut. Und deshalb ist die Analyse so wichtig. Aber nicht nur die Selbstreflexion, sondern auch die Fremdreflexion. Hast du Leute um dich herum, denen du bedingungslos vertraust? Dann beziehe die auf jeden Fall mit ein. Denn manchmal sind dir bestimmte Aspekte, die zu einem Ergebnis geführt haben, gar nicht mehr bewusst. Irgendwann hast du nur noch deinen Tunnelblick. Wenn du aus der Analyse die richtigen Schlüsse ziehst, erhältst du einen echten Mehrwert.

Vielen Dank für das interessante Gespräch!

Das Gespräch mit René war für mich ein interessanter Einblick in eine Welt, die ich sonst nur vom Zusehen kenne, zumindest auf diesem Niveau. René hat mir deutlich gemacht, dass es Arbeit bedeutet, die Leichtigkeit zu behalten. Treffen ist kein Zufall.

Wussten Sie, dass der Pitcher, der den Ball zum Catcher wirft, ihn nicht einfach nur nach vorn schmeißt? Dass er nicht nur hofft, dass der Batter, die Person am Schläger, den Ball verfehlt? Der Pitcher muss ein ganz bestimmtes Ziel treffen, denn der Wurf ist erst dann gültig oder spielbar, wenn der Ball in einem bestimmten »Fenster« bei dem Catcher ankommt, und zwar in einer Breite von vierzig Zentimetern zwischen den Knien und der Brust des hockenden Fängers. Das entspricht einer Größe von ungefähr zwei DIN-A4-Blättern – und das auf eine Entfernung von 18 Metern. Wie schafft man das? Ich meine, wie schafft man das mit Leichtigkeit? Genau das habe ich einen Spieler gefragt. Die Antwort war so selbstverständlich, dass mir die Frage schon fast peinlich war: durch Training. Leichtigkeit bewahrt man durch Training. Natürlich. Denn man trainiert nicht nur das Treffen, sondern auch das Danebenliegen.

Wir sind keine Maschinen. Selbst die Profis nicht.

Dieses Statement von René finde ich unheimlich sympathisch. Und doch: Diese Kühnheit, sich in einem Stadion vor Tausenden von Menschen nur auf den Ball und den bevorstehenden Schuss zu konzentrieren, kommt nicht von ungefähr. Sportler gehen in der Regel nicht leichtfertig mit Chancen um, sondern mit Leichtigkeit.

Wenn wir uns fragen, warum Macher oft etwas mit Leichtigkeit wagen können, wovor andere ihren Hut ziehen, dann liegt es daran, dass sie trainieren, und zwar auch das Verlieren. Leidenschaft als Leidensbereitschaft. Selbstständige sind häufig wahre Profis im Verarbeiten von Rückschlägen. Das beginnt bereits kurz nach der Gründung, nämlich dann, wenn der Gründer über seinen eigenen Businessplan stolpert. Über den Plan, an dem er so lange gearbeitet hat, in den er so viel Herzblut und Hoffnung investiert hat. Der Plan, der eigentlich die manifestierte Sinnhaftigkeit und Strategie seiner Existenzgründung darstellt. Genau dieser Plan geht nicht auf. Er hat so gut gezielt und dennoch verwandelt sich der Plan in einen erfolglosen Wurf, denn ein Businessplan ist in den meisten Fällen eben nur eine bessere Schätzung. Also wird analysiert, angepasst und erfolgreicher weitergemacht. René würde sagen, der Spieler ist direkt in einer neuen Situation und macht weiter, weil das Spiel noch nicht vorbei ist. Trotz der großen Chance, dem Herzklopfen und der guten Vorbereitung. Aber man sagt ja auch: »Entscheidend ist aufm Platz.«

Unglaublich, wenn man überlegt, wie viel Vorbereitung, Hoffnung und Investment nicht auf Anhieb ins Ziel treffen. Man sollte meinen, jetzt sei Schluss. Aber es geht weiter. Was nach außen manchmal wirkt wie eine Charaktereigenschaft, die einen Macher als solchen definiert, ist eine Entwicklung. Eine Entwicklung vom langsamen Herantasten hin zur Freude daran, Grenzen zu sprengen. Und das liegt in unserer Natur.

Wollten Sie als Kind nicht auch wissen, ob Sie sich trauen, von einem höheren Brett ins Wasser zu springen oder beim Jonglieren nicht doch noch einen Wurf mehr schaffen? Und noch einen? Und noch einen mehr? Je älter wir werden, desto ernster wird unser Alltag. Wir tauschen spielerisches Grenzentesten gegen Einkommen

Wir benennen und bewerten Rückschläge anders. Das schürt die Angst, das Ziel nicht zu treffen. Nicht selten grundlos.

und Verantwortung. Wer sich Raum schafft, um sich auszuprobieren, wird in vielen Fällen merken, dass er zu mehr fähig ist, als die Gesellschaft ihm weismacht. Leichtigkeit braucht Entwicklung. Eine Entwicklung, in der man lernt, Risiken besser einzuschätzen und die Chancen abzuwägen. Eine Entwicklung, die aus augenscheinlichem Leichtsinn eine begründete Erwartung zaubert. Ein Unternehmer ist daran gewöhnt, Risiken einzugehen und mit Erfolgen und Misserfolgen umzugehen. Er trainiert seine Leichtigkeit fast automatisch, denn wenn er es nicht tut, tut es keiner. Mit Rückschlägen umzugehen und die Leichtigkeit zu bewahren, ist für uns alle eine wichtige Herausforderung. Nur wird sie nicht in jeder Lebens- oder Berufssituation gleich intensiv gefordert und daher gehen wir unterschiedlich damit um. Wir benennen und bewerten Rückschläge anders. Manchmal zu dramatisch. Das schürt die Angst, das Ziel nicht zu treffen. Nicht selten grundlos.

Ein Bekannter, der nach mehreren Jahren der Selbstständigkeit wieder in einer Anstellung arbeitet, erzählte mir neulich von einem seiner Vorstellungsgespräche. Er wurde gefragt, warum er gescheitert sei. Mir persönlich gefällt das Wort »scheitern« eigentlich nicht. In keinem Kontext. Es ist so dramatisch. So endgültig. Das Wort »Scheitern« hat ursprünglich die Bedeutung, in Stücke (Scheite) zu zerfallen. Man spricht bei einem Schiffsunglück von

Scheitern, wenn das Schiff zerschellt.[29] Was für ein hilfloses und erschreckendes Bild. Eine Katastrophe, die ein totales Versagen beschreibt.

Und dabei »scheitern« wir jeden Tag. Vielleicht konnten wir uns nicht durchsetzen, haben uns zeitlich verzettelt, konnten eine Vorstandsvorlage nicht realisieren oder haben festgestellt, dass der Meilenstein in der definierten Form unerreichbar ist. Und dennoch sprechen wir in den meisten Fällen nicht von Scheitern, sondern benutzen Formulierungen, die der Konsequenz ihren Schrecken nehmen. Nur weniges scheitert. Das meiste klappt einfach nur nicht. Die Kunst ist, beides voneinander zu unterscheiden. Wenn wir alles behandeln, als könne es scheitern, würden wir uns sicher kaum noch trauen, irgendetwas zu beginnen. Mein Bekannter antwortete auf die Frage nach dem Scheitern folgendermaßen: »Ich bin nicht gescheitert. Es hat viele Jahre erfolgreich funktioniert und im letzten Jahr aus unterschiedlichen Gründen in meinen Augen einfach nicht mehr geklappt, wie ich es mir vorgestellt habe.«

Welch eine kraftvolle Antwort, die dem Bild des Versagens mit Leichtigkeit sein Fundament nimmt. Nicht, weil sie beschönigt. Nicht, weil sie rechtfertigt. Sondern weil sie dem, was nicht geklappt hat, einen gesunden Kontext gibt, den Außenstehende von allein nicht erkennen können. Natürlich sprechen wir hier nicht über das Scheitern eines Mittelständlers, das mit einem Jobverlust für seine Angestellten und vielleicht einer Privatinsolvenz einhergeht. Das brauchen wir aber auch nicht. Schließlich geht es eben nicht darum, den Teufel an die Wand zu malen, sondern darum, eine grundsätzlich gesunde und produktive Einstellung zu Misserfolgen zu trainieren. Die Fachliteratur sagt, dass Misserfolge zu Strategien dazugehören. Unser Alltag sagt uns, dass Misserfolge zum Leben dazugehören. Weisheiten sagen uns, dass derjenige, der keine Fehler macht, wohl auch sonst nicht viel tut. Als Christ glaube ich daran, dass der Wert eines Menschen durch Fehler und selbst durch Scheitern keinen Schaden nimmt. Es ist an uns, einem erfolglosen Wurf den Stellenwert zu geben, den er verdient, mit dem Wissen, dass in den allermeisten Fällen dadurch kein Schiff zerschellt.

»Einfach nur den Ball werfen. Mehr nicht. Zielen, ausholen und werfen. Was soll's?« Also warf ich. In einem hohen Bogen. Ohne Leichtigkeit. Vorsichtiger als sonst. Und der Ball flog. Eine gefühlte Ewigkeit. Der Catcher streckte sich minimal nach vorn und mein Anspruch, einen sauberen Wurf zu landen, war dahin. Und doch: Der Ball kam an. Applaus. Anerkennung auf der einen Seite. Erleichterung auf meiner. Den Ball total zu verwerfen, wäre für das Ende dieses Kapitels ein unterhaltsamerer Bogen gewesen. Für die Zuschauer sicherlich auch. Aber obwohl der Wurf für andere ein erfolgreicher war, für mich und meinen Anspruch an mich selbst war er es nicht, denn ich hatte die Leichtigkeit verloren und nicht so grandios geworfen, wie es möglich gewesen wäre. Ich musste lernen, meinem vermeintlich erfolglosen Wurf einen realistischen, gesunden Stellenwert zu geben. Das ist sowohl eine Herausforderung als auch eine Entwicklung.

Der Ball, der mich in so kurzer Zeit so viele Gedanken gekostet hat, liegt heute auf meinem Schreibtisch. Er erinnert mich an Folgendes: Etwas zu bewegen, ohne etwas zu wagen, ist wie Baseball zu spielen, ohne zu werfen. Wer nicht wagt, der nicht gewinnt. Danebenzuwerfen gehört dazu. Auch wenn man einen ganz großen Wurf landen möchte. Welchem anstehenden oder abgeschlossenen Wurf sollten Sie einen realistischeren oder gesünderen Stellenwert geben, um mit Leichtigkeit zu treffen?

Nichts ist selbstverständlich

»Macher schätzen wert.«

Es ist 8 Uhr morgens. Die Autobahn ist leer. Ich bin gerade von der A 44 auf die A 445 gefahren und habe alle Autos, die sich um mich herum drängten, hinter mir gelassen. Etwas irritiert von der Ruhe, die mich umgibt, schaue ich aufs Navi. Alles okay. Scheinbar bin ich der Einzige, der jetzt in diese Richtung möchte. Die Sonne bricht gerade durch und die unbefahrene Bahn, die mich durch grüne Felder führt, leuchtet sommerlich hell. In der Ferne erkennt man die großen Schatten, die die Wolken immer wieder auf die Felder und Straßen werfen. »Das frühe Aufstehen hat sich gelohnt«, denke ich. Ein Blick in den Rückspiegel zaubert mir ein Lächeln ins Gesicht. Die Rückbank ist umgeklappt. Auf ihr liegt mein Mountainbike, zusammen mit meinem Tourenrucksack und einer großen blauen Tasche, bis an den Rand gefüllt mit Protektoren, Helm und Kleidung. Ich bin auf dem Weg zum Bikepark. Das erste Mal in diesem Jahr. Meine Vorfreude ist groß. Ich kann es kaum erwarten, wieder die Trails hinunterzujagen und mich vom Sessellift ganz faul nach oben tragen zu lassen.

Wer als Macher etwas plant, das in Qualität oder Quantität hoch hinaus möchte, der kommt um Stabilität nicht herum.

Die letzten Wochen sind anstrengend gewesen, deshalb hatte ich mir vorgenommen: »Am Donnerstag planst du einen Tag nur für dich, egal wie dringend oder wichtig sich ein Anliegen für diesen Tag anbahnt.« Und es hat geklappt. Um 6:43, zwei Minuten bevor der Wecker geklingelt hat, war ich wach, hellwach. Ich habe den Wagen beladen und bin losgedüst. Ohne Mails zu checken oder in meine To-do-Liste zu schauen. Und so fahre ich nun, schon fast fliehend, Richtung Winterberg. Entspannt und dankbar. Ich fühle mich wertgeschätzt. Meine Gedanken kreisen um all das, was in den letzten

Monaten passiert ist, um das Buch und die vielen damit verbundenen Begegnungen. Keiner der Menschen, die das Buch begleitet oder durch ihre Zeit und Gespräche bereichert haben, hatte Zweifel an der Idee. Niemand wollte nur unter bestimmten Bedingungen Teil davon sein, und keiner verlangte für sein Dazutun auch nur einen Euro. Diese Wertschätzung macht mich glücklich. Wertschätzung ist wichtig. Und dennoch ist sie nicht selbstverständlich. Wertschätzung bewegt vieles und kostet nichts. Jemand, der durch sein Engagement etwas Anspruchsvolles bewegen möchte, ist gut damit beraten, wertschätzend zu sein. Aber wie ist man wertschätzend? Beziehungsweise: Wenn Wertschätzung so wichtig ist, warum fällt sie manchen in ihrem Alltag und in ihren Begegnungen mit anderen Menschen so schwer?

Ein Grund ist sicher das Gefühl von Selbstverständlichkeit. Wenn ich nach meinem Mountainbike-Trip mit schmutziger Kleidung nach Hause komme, ist es selbstverständlich, dass ich meine Tasche ausräume, das Equipment putze, meine Klamotten lüfte und in die Wäsche bringe. Das Problem mit Selbstverständlichkeiten jedoch ist, dass sie in vielen Fällen ganz subjektiv gelebt werden. Die Erwartung daran, was selbstverständlich ist und was nicht, ist unterschiedlich. Dass ich so viel Freude am Mountainbiking habe, liegt unter anderem an einem Kumpel namens Oliver. Oliver fährt schon seit vielen Jahren, und zwar um Welten besser als ich. Und obwohl er schneller ist und technisch versierter, fährt er auch Touren mit mir, dem Langsamen, der sich manchmal an die Hindernisse herantastet. Er weiß, dass ich mich darüber freue, aber für ihn scheint es selbstverständlich. Diese Selbstverständlichkeit ist mir wertvoll und daher schätze ich sie sehr. Es gibt jedoch auch Selbstverständlichkeiten, die ohne besondere Beachtung an Wert verlieren. Ich erinnere mich an einen Geschäftsführer, der im Gespräch mit seiner Belegschaft das aufflammende Thema um Arbeitszeiten und Arbeitsklima fast wörtlich mit dem folgenden Satz im Keim erstickte: »Sie bekommen ein Gehalt für die Arbeit, die Sie hier verrichten. Was wollen Sie denn noch?« Jemand, der nicht nur so denkt, sondern diese Gedanken auch noch offen ausspricht, disqualifiziert sich selbst als Führungskraft. Er erwirbt den Ruf, kein Interesse an seinen Mitarbeitern zu haben. Mit anderen Worten sagt er: »Ihr seid mir alle egal, aber solange ihr euren Job macht, wird euch das nicht zum Verhängnis.« Von Wertschätzung keine Spur.

Macher schätzen wert. Denn sie sind sich in der Regel einer ganz einfachen Erkenntnis bewusst: Zur Arbeit kommt man wegen des Gehalts. Aber man strengt sich an wegen der Anerkennung. Man möchte einen besonderen Teil dazu beitragen, dass das große Ganze funktioniert, und man möchte gesehen werden. Nicht aus Sorge um den Arbeitsplatz oder die Notwendigkeit der eigenen Arbeitskraft. Wir Menschen wollen wichtig sein. Wichtig für jemanden, wichtig für ein Unternehmen. Wir wollen einen Platz einnehmen, an dem wir ganz individuell von Nutzen sind. Ganz deutlich wird dieses Verlangen im hohen Alter. Nützlich sein ist ein Aspekt, der vielen Menschen in der frischen Rente zu schaffen macht. »Was mache ich jetzt mit meiner Zeit? Braucht mich überhaupt jemand?« – diese Gedanken tragen sicherlich dazu bei, dass Senioren sich ein ehrenamtliches Engagement suchen, um von Nutzen zu sein und gebraucht zu werden. Wir wollen wichtig sein, mit all den Stärken und Schwächen, die wir mitbringen.

Wer als Macher etwas plant, das in Qualität oder Quantität hoch hinaus möchte, der kommt um Stabilität nicht herum. Auf

Wertschätzung zu verzichten, ist wie seinem Gebäude das Fundament zu rauben, das es auch bei Stürmen und Beben stabil an seiner Stelle hält. Oder glauben Sie, die Belegschaft des einfältigen Geschäftsführers würde wirtschaftlichen Stürmen und Beben trotzen? Meinen Sie, diese Mitarbeiter würden auch bei fluktuationsbedingten Gehaltseinbußen, einem ungeplanten Gehaltsausfall oder Einschnitten in der Arbeitsqualität morgens motiviert zur Arbeit erscheinen? Meinen Sie, diese Mitarbeiter würden dem Wind trotzen und die Flagge des Unternehmens dennoch stolz nach oben halten?

Ein gutes Fundament ist wichtig. Der Ausdruck »etwas auf Sand bauen« entstammt der Bibel. Jesus vergleicht ein Leben, das auf Sand gebaut ist und somit leicht weggespült werden kann, mit einem Leben, das man im Vertrauen auf ihn lebt. Dieses ist auf festem Grund gebaut, wodurch man den Stürmen des Lebens und letztlich auch dem Tod trotzt.[30] Etwas auf Felsen zu bauen, ist jedoch nicht so einfach, wie auf Sand zu bauen. Im Sand zu graben, um ein Fundament zu legen, ist leicht. Einen Felsen zu bearbeiten, ist anspruchsvoll.

Selbstverständlich hält etwas in den Fels Geschlagenes besser. Aber für diese Selbstverständlichkeit muss man etwas tun.

Macher bauen auf Felsen. Sie stellen sich den Herausforderungen, die ein wertschätzender Umgang mit sich bringt, auch wenn das bedeutet, dass sie sich das Leben nicht ganz so einfach gestalten können, wie es manchmal möglich wäre. Bei einem meiner Kunden hängt am Whiteboard, für alle gut sichtbar, eine Aufforderung mit folgendem Inhalt:

Bei allem, was wir sagen, denken oder tun, sollten wir uns Folgendes fragen:

1. *Ist es wahr?*
2. *Ist es fair?*
3. *Wird es Freundschaft und den guten Willen fördern?*
4. *Wird es dem Wohl aller Beteiligten dienen?*

Ich war etwas überrascht über solch eine Aufforderung, aber nicht irritiert. Denn dieser hervorragende Anspruch passt zum Geschäftsführer des Unternehmens. Diese Aufforderung ist sicher nicht immer einfach umzusetzen, aber lohnend. Als Geschäftsführer eines großen Industrieunternehmens in Familienhand ist er Unternehmer mit Fleisch und Blut. Er ist jemand von der Sorte, der kurze Entscheidungswege liebt, gern investiert und damit nicht nur sein Unternehmen fördert, sondern auch die Menschen um ihn herum. Das spürt man ihm ab.

Dieser Anspruch ist jedoch nicht neu, eine Vereinigung hat diese Grundsätze bereits 1905 zur Grundlage ihres Handelns gemacht. Paul Harris wollte mit der Gründung der sogenannten »Rotarier« (Rotationsprinzip zunächst bezüglich Treffpunkt, später bezüglich Aufgabenverteilung) in der Großstadt etwas etablieren, das er bisher nur vom Landleben her kannte, und zwar eine stabile und vielseitige Wertegemeinschaft, in der jeder den anderen nach seinen Möglichkeiten unterstützt.

Die Geschichte der Rotary Clubs ist sogar mit der der Vereinten Nationen verbunden, denn der Gründung der UNESCO gingen

Gespräche auf einer Rotarier-Konferenz voran.[31] Macher bringen anderen Wertschätzung entgegen.

Wertschätzung lohnt, auch wenn sie manchmal herausfordert.

Genau deshalb interessiert es mich, wie man in einer Businesswelt, die nicht immer nach sauberen Regeln spielt, solche Werte hochhalten und leben kann. Sind diese Grundsätze nicht manchmal zu romantisch? Ist Wertschätzung immer möglich oder zeigt man eine gefährliche Schwäche, wenn man »Selbstverständlichkeiten« anders begegnet als durch das Gehalt?

Wer könnte zu dem Thema Wertschätzung ein passenderer Gesprächspartner sein als ein Macher, der als Präsident und Chefeinkäufer tatsächlich Werte geschätzt hat? Als langjähriger Vorstand des weltweit größten Sportfachhändlerverbunds Intersport und in seinem Leben als Christ hat Klaus Jost verhandelt, geführt und wertgeschätzt und sich die Zeit genommen, um mit mir über dieses Thema zu sprechen, das so wichtig ist und manchmal unterschätzt wird.

KLAUS JOST
UNTERNEHMER UND AUTOR

Herr Jost, als jemand, der in seiner Karriere viele Verhandlungen geführt hat, war Wertschätzen ein wichtiger Teil Ihres Engagements. Wie erleben Sie das Thema Wertschätzung aus der Management-Perspektive?

Klaus Jost: Es gibt Menschen, die lernen aus der Theorie, dass Wertschätzung ganz hoch im Kurs ist. Es gibt kaum ein großes Unternehmen, das sich nicht in irgendeiner Form mit Wertschätzung beschäftigt. Man spricht im Alltag dann von »wertschätzenden Gesprächen«. Also wertschätzende Beurteilungen, wertschätzende Kritikgespräche und so weiter. Das Problem ist nur, dass das nicht jeder kann. Nicht jeder meint das, was er sagt, auch mit dem Herzen. Etwas als wertvoll zu schätzen, hat immer auch eine menschliche Komponente, nicht nur eine strategische oder theoretische. Dabei sehnt sich ja jeder danach, jeder möchte wertgeschätzt werden. Wer will denn schon belogen und betrogen werden? Nur kommt Wertschätzung eben von Herzen und nicht aus einem Lehrbuch.

Da stimme ich Ihnen voll zu. Ich musste gerade an die »politisch korrekte Kommunikation« denken, mit der man in Gesprächen die richtigen Formulierungen findet, um ja nicht anzuecken oder sich angreifbar zu machen. Ich halte diese Form des gespielten höflichen Umgangs manchmal für wenig produktiv.

Klaus Jost: Ja, die Floskeln und das Drumherum überzeugen immer nur im ersten Moment. Aber wenn nach den Höflichkeiten dann brutale Anforderungen gestellt werden, wirkt das Herzliche nicht mehr authentisch. Man kann in Gesprächen mit vielen Tricks arbeiten. »Wer fragt, der führt«, sagt man. Aber Tricksen war nie meine Art. Auch nicht, die Etikette blind umzusetzen. Ich bin mit Mitarbeitern ins Gespräch gekommen, deren Funktion dafür eigentlich zu niedrig war, wenn man in Führungsebenen denkt. »Wer darf mit wem sprechen und wer nicht?«, war für mich Quatsch. Wenn es um Geschäftliches ging, okay. Aber darüber hinaus habe ich mit jedem gesprochen, der es wollte.

Ich kann mir vorstellen, dass Wertschätzung, Offenheit oder Freundlichkeit in Ihrem Metier auch als Schwäche ausgelegt werden kann, besonders wenn man sich als Verhandlungspartner durchsetzen muss. Ist es herausfordernd, wertschätzend zu sein? Sollte man nicht eher undurchschaubar und hart bleiben?

Klaus Jost: Nein, ich halte das für überholt. Ich begegne anderen immer mit Respekt und Wertschätzung. Das kostet ja nichts. Höflichkeiten nur zu spielen, bringt wenig, denn irgendwann kommen in Verhandlungen die Fakten. Und an denen lässt sich wenig beschönigen. Wenn man hundert Säcke Reis einkauft, bekommt man einen besseren Preis, als wenn man nur zehn Säcke nimmt, das hängt nicht von der Wertschätzung ab. Was im Gesamtergebnis jedoch einen Unterschied macht, ist der »Sympathiebonus«. Jeder Verkäufer hat nämlich neben der Preisliste auch noch etwas anderes im Koffer, das er aber nur demjenigen gibt, dem er es gönnt.

Also wäre Ihr Tipp, professionell und fair zu sein, aber nicht den Rambo zu spielen, damit man auf der Sympathieebene oder auch menschlich voneinander profitieren kann?

Klaus Jost: Genau. Mir hat mal ein Adidas-Chef gesagt, dass so etwas Segnungen sind. An dem Listenpreis kann ich vielleicht nichts mehr ändern, aber ich kann jemanden zu einem Event einladen, bei dem er Menschen trifft, an die er sonst nicht herantreten könnte. Es würde sich irgendwann rächen, wenn man Preislisten nur als Empfehlung versteht, aber diese Segnungen durch Sympathie helfen. So konnte PUMA beispielsweise einen Fußballspieler für eine Marketingkampagne »ausleihen«, der eigentlich exklusiv bei PUMA unter Vertrag steht. Doch diesen Sympathiebonus bekommst du bei dem anderen eben nur, wenn du ihm sympathisch bist. Du musst ihm die Möglichkeit geben, gemeinsam mit dir eine Win-win-Situation zu erleben. Das war eigentlich immer mein Credo.

Wertschätzung nimmt also einen sehr konkreteren Platz in Ihrem Alltag ein. Es ist nicht nur eine Philosophie, die man ab und an prüft und bei der man nicht weiß, ob sie sich auszahlt.

Klaus Jost: In meinem Fall ist es keine Philosophie. Im Gegenteil: Dass sich Wertschätzung im Miteinander auszahlt, merkt man. Ich habe das tatsächlich gespürt, auch bei kleinen Lieferanten. Dass ich Adidas und Nike wertschätzend behandle, ist ja schon fast logisch. Aber ich habe die Meiers, die Müllers und die Schmidts genauso behandelt. Man darf auch aus wirtschaftlicher Sicht nicht vergessen, dass der Erfolg im Trend zur Hälfte aus Fakten und zur Hälfte aus Stimmung besteht. Wer ist gerade angesagt? Welcher Laden ist gerade in? Welches Geschäft hat in der kommenden Zeit die Nase vorn? Das ist alles Stimmung. Deswegen ist Wertschätzung wichtig, damit nicht jeder nur die Faust in der Tasche hat und sagt: »Warte nur ab, bis du mal eine Schwäche hast, dann wird die ausgenutzt.«

Diese Faust in der Tasche erlebt man ja durchaus auch innerhalb der Belegschaft. Deswegen wirkt Wertschätzung wohl manchmal so exotisch, man rechnet nicht mit ihr. Muss es denn so kompliziert sein?

Klaus Jost: Nein. Wir hatten einen Hausmeister, der für den Fuhrpark zuständig war und mir am Anfang wahnsinnig geholfen hat. Auch während meines privaten Umzugs, und zwar on top, denn das war nicht sein Job, das hätte er nicht machen müssen. Meine Frau und ich haben ihn und seine Frau daher zu uns zum Abendessen eingeladen. Er wollte die Einladung erst nicht annehmen, weil er meinte, es würde ihm als Hausmeister nicht zustehen, vom Vorstand bekocht zu werden. Sie sind dann aber doch gekommen und wir hatten einen wunderbaren Abend. Meine Frau und ich sind immer noch mit beiden befreundet.

Das hört sich sehr ehrlich an, Wertschätzung ohne Hintergedanken.

Klaus Jost: Ja, von beiden Seiten. Es gibt ja Leute, die machen Dienst nach Vorschrift. Das ist auch in gewisser Weise normal. Aber dieser gute Kerl tat seinen Job mit Leidenschaft, er hat sich wirklich gekümmert. Ein gutes Beispiel dafür waren die Messen im Winter. In der Nacht vor einer Messe hat es einmal sehr heftig geschneit. Und da ist er nachts um drei Uhr raus und hat bis um sechs Uhr den großen Parkplatz mit 600 Stellflächen geräumt, weil ab 7 Uhr die ersten Gäste kamen. Er hat sich nicht einmal geärgert, sondern hat als Willkommensgruß am Eingang einen großen Schneemann gebaut. Das ist auch eine Wertschätzung dem Unternehmen gegenüber und den Menschen, die dort arbeiten. Ohne Hintergedanken.

Jeder sollte solch einen Weggefährten als Kollegen haben. Vielleicht haben wir es ja sogar und merken es nicht mal, weil man meint, in diesen Rollen gefangen zu sein, also sich immer nur unter Kollegen der gleichen Hierarchieebene aufhält.

Klaus Jost: Ein praktisches Beispiel wären Empfänge, wo hier ein VIP-Tisch steht und dort einer. Aber du kannst dich auch mal an einen ganz normalen Tisch stellen. Außerdem muss man bei diesen VIP-Tischen nicht immer sich selbst und anderen über die Schulter schauen, um ja nicht zu verpassen, wenn ein noch wichtigerer Typ kommt, für den man seinen jetzigen Gesprächspartner dann stehen lässt. Mir ist so etwas zuwider. Man kann sich ruhig auch zu Menschen stellen, die augenscheinlich nicht den gleichen Rang bekleiden. Das ist nicht schlimm. Im Gegenteil, das macht oft auch mehr Spaß.

Glauben Sie, dass man als Christ die Rolle des Managers oder Verantwortung im Allgemeinen besser ausfüllen kann?

Klaus Jost: Ja. Ganz klar. Als Manager steckst du permanent in Krisen und, wie man so schön sagt, immer »mit einem Bein im Gefängnis«. Egal, ob durch Versagen, Korruption oder Steuer. Da ist es schon gut, wenn man weiß, was man tun wird und was nicht. Beispiele gibt es ja leider genug. »Mein Drei-Jahres-Vertrag wird nicht verlängert, wie komme ich also an die Ergebnisse? Legal? Illegal? Besteche ich meine Geschäftspartner mit einer Sauna-Party?« Es ist doch kein Zufall, wenn die weiße Limousine am Flughafen steht und einen ins Hotel fährt, während auf dem Zimmer schon jemand wartet. Doch irgendwann kommt es raus. Dann sind die Ehen weg, der Job vielleicht auch und nur ein Scherbenhaufen bleibt übrig. Deswegen ist es so wichtig, Werte zu leben, die nicht nur von uns selbst kommen, sondern von Gott geschenkt sind. Denn ich allein habe nicht immer die Kraft dazu. Ich gucke genauso schönen Frauen hinterher und freue mich über die Annehmlichkeiten dieser Welt, auch über Geld. Die Kraft zu haben, dann zu sagen: »Nein, es geht auch ohne«, das ist ein Geschenk.

Vielen Dank für das interessante Gespräch!

Es ist ruhig. Man hört nichts. Nur das Rauschen der Bäume und die Vögel, die sich über diesen sonnigen Morgen genauso freuen wie ich. Meine Beine hängen in der Luft und der Sessellift, der mich vom Streckenende wieder hinauf zu den Abfahrten trägt, schwingt sanft hin und her. Vor mir liegen etwa drei Minuten Wartezeit. Normalerweise würde ich nun einen Blick aufs Handy riskieren. Diesmal nicht. Diesmal schließe ich die Augen und lehne meinen Kopf hinten an. »Das ist Urlaub pur«, denke ich. Und das, obwohl ich jemand bin, der nicht zwingend Urlaub braucht, um einen Ausgleich oder die nötige Entspannung zu finden. Diesen Morgen allerdings verschlinge ich wie ein Fußballer eine Flasche Wasser in der Pause vor der Verlängerung. Diese Ruhe hat es in sich. Es war die richtige Entscheidung, mich, komme was wolle, heute hierher auf den Weg zu machen. Der Sessellift stockt kurz. Ich fände es gar nicht so schlimm, hier oben ein paar Minuten länger zu sitzen. Normalerweise möchte ich schnell wieder aufs Rad. Heute nicht. Heute sind die Touren mit dem Sessellift kein notwendiges Übel. Sie gehören für mich dazu. Sieben Minuten Abfahrt, drei Minuten Lift. Für mich fühlt sich das heute so an wie sieben Minuten Freude und drei Minuten Wertschätzung. Und das bereits seit drei Stunden.

Ich muss an das Gespräch mit Klaus Jost denken. Daran, dass Rambos nicht ans Ziel kommen und dass Wertschätzung untereinander ein natürlicher Zustand sein sollte. Hier im Park ist das ähnlich. Natürlich gibt es immer mal wieder einen kleinen Rambo, der die Strecke fährt, als würde hinter ihm die Welt untergehen. Aber das ist die Ausnahme. Man achtet aufeinander. Man hilft sich beim Ein- oder Aushängen der Bikes im Lift und überholt auf dem Weg nach unten nicht einfach einen langsameren, unsichereren Fahrer. Selbst bei den Streckenanfängen oder Abschnitten, die immer den Platz zum Anhalten und Durchatmen bieten, schaut man vor der Weiterfahrt in die Runde aller Wartenden und fragt, wer zuerst oder mit anderen zusammen fahren möchte. Man geht wertschätzend miteinander um. Während der Sessellift langsam in die Station einfährt und ich mir meinen Helm über den Kopf ziehe, frage ich mich, ob das alles nicht selbstverständlich ist. Nein. Das ist es nicht.

Wenn ich mir das Interview mit Klaus Jost noch einmal in Erinnerung rufe, fällt mir etwas auf, das ich während des Gesprächs nicht bemerkt habe. Er sprach in unserem einstündigen Gespräch, von dem ich nur einen Ausschnitt wiedergegeben habe, kein einziges Mal von Selbstverständlichkeiten. Nicht einmal im weiteren Zusammenhang war dieses Wort auf dem Mitschnitt zu hören. Und dabei hätte er allen Grund dazu gehabt, zu betonen, dass manche Dinge einfach selbstverständlich sind. Wie zum Beispiel, dass ein Angestellter bei der Hotelanreise seine Koffer trägt oder den Dienstwagen wäscht und betankt. Im Gegenteil. Er betonte, dass er das selbst macht, weil er es schließlich kann und sich dafür nicht zu schade ist. Ich finde das sehr sympathisch. Auch dass er trotz zahlreicher Führungsebenen unter ihm nicht nur für das Top-Management ansprechbar war, sondern für jeden, der es wollte. Leidenschaftliches Management könnte man das nennen. Denn er ist mit dem Herzen dabei. Und das kann nicht jeder.

Unweigerlich denke ich an den einsamen Geschäftsführer, der seinen Mitarbeitern mit der vorwurfsvollen Frage begegnete, was sie denn noch wollten, außer einer pünktlichen Gehaltszahlung. Wer nicht mit dem Herzen führt, wird auf diese sehr einfache Frage keine Antwort finden. Wer nicht mit dem Herzen führt, der braucht dieses Gerüst aus Selbstverständlichkeiten, weil es der einzige

Weg ist, Leistungen einzufordern, ohne sich mit dem Menschen dahinter auseinanderzusetzen.

Die spannende Frage, die sich dabei stellt, lautet: Ist etwas selbstverständlich, nur weil man es erwarten darf? Bedarf eine Leistung also keiner weiteren Beachtung, nur weil sie der Erwartung entspricht?

Jeder von uns erfüllt Erwartungen aus der eigenen Lebens- oder Arbeitssituation heraus, und das ist manchmal alles andere als selbstverständlich.

Es ist einige Zeit vergangen, bis ich für mich eine Antwort auf diese Frage gefunden habe. Nein. Das Erfüllen einer Erwartung ist nicht selbstverständlich. Das hört sich inkonsequent an. Es versteht sich doch eigentlich von selbst, dass ich einer Erwartung gerecht werde, auf die ich mich selbst eingelassen habe. Stellen Sie sich jedoch einmal folgendes Beispiel vor: Ein Projektverantwortlicher liefert die erwarteten Ergebnisse binnen einer Woche, so wie gefordert und zugesichert. Und das, obwohl er noch drei andere wichtige Projektkrisen managen muss, die IT ständig ausgefallen ist, seine Frau und Tochter mit Grippe zu Hause von ihm versorgt werden und sein Kopf belastet ist durch eine Krankheitsdiagnose, die sein bester Freund vor zwei Tagen erhalten hat. Selbstverständlich ist die pünktliche Lieferung des Projektleiters nur, wenn wir den Rahmen und den Kontext ausblenden, in dem er sich bewegt. Aber wer macht das schon?

Welcher Mensch mit nur etwas Nächstenliebe in sich, würde von sich sagen wollen: »Ist mir egal, was der Mitarbeiter nebenher tut, privat macht oder was ihn beschäftigt. Hauptsache er liefert.« Wir dürfen erwarten, dass Anforderungen erfüllt werden, und dennoch dürfen wir nicht vergessen, dass der Rahmen und der Kontext dazu immer eine große Rolle spielen. Erwartungen zu erfüllen, trotz Rahmen und Kontext, ist das, was Wertschätzung verdient und ausmacht. Dazu kommt, dass sich keiner von uns von einem Rahmen und Kontext freisprechen kann. Auch Sie und ich nicht. Selbst, wenn das Beispiel gerade ein sehr extremes war – jeder von uns erfüllt Erwartungen aus der eigenen Lebens- oder Arbeitssituation heraus, und das ist manchmal alles andere als selbstverständlich.

Machern fällt es durchaus leichter, wertschätzend zu sein, weil für sie vieles eben nicht selbstverständlich ist. Wer als Selbstständiger eine eigene Firma aufgebaut hat, weiß, dass die bequemen Stühle im Besprechungsraum sich nicht einfach ins Budget gezaubert haben. Macher sehen die Zusammenhänge zwischen dem nervenaufreibenden Vertrieb, der Überzeugungsarbeit in Verkaufsgesprächen, dem Mut in wichtigen Entscheidungen und dem Unternehmenserfolg. Für einen Macher erfüllt es vielleicht die Erwartung, dass man den Mitarbeitern schöne, bequeme und gesunde Stühle bieten kann, aber es ist nicht selbstverständlich. Von nichts kommt nichts. Allein aus dem Grund fällt es Machern leichter, anderen wertschätzend gegenüberzutreten. Jemand, der um die Zusammenhänge weiß, die letztlich zum Jahresüberschuss führen, wird auch den kleinen Dingen, den Details und Nebensächlichkeiten, Aufmerksamkeit schenken und ihnen wertschätzend gegenüberstehen. Aus diesem Grund entwickelte sich sicherlich auch die Wertschätzung, die Klaus Jost gegenüber dem Hausmeister empfand. Mitten in der Nacht aufzustehen, um einen riesigen Parkplatz vom Schnee zu befreien, und dann noch einen Schneemann als Willkommensgruß zu bauen, das sind die »Kleinigkeiten«, die über einen Unternehmenserfolg entscheiden können, auch wenn mancher es nicht für möglich hält. Aus diesem Grund suchen sich Start-ups in der Personalauswahl häufig Mitarbeiter, die den Geist des Unternehmens verstehen und mittragen. Ähnlich wie es der Regisseur Martin Busker erzählt hat, sucht man sich Menschen, die gleich ticken und die verstehen, wie wertvoll die gemeinsame Idee ist. Macher umgeben sich mit Menschen, die den Wert der gemeinsamen Idee schätzen und diesen Zustand als so wertvoll empfinden, dass sie den anderen gern für sich gewinnen wollen. So entfalten sich Potenziale. Der einsame Geschäftsführer, der diese Wertschätzung nicht versteht, wird trotz positiver Jahresbilanzen immer unter seinen Möglichkeiten bleiben. Schlimmer noch: Das Unternehmen wird unter seiner Führung unter seinem Potenzial bleiben. Denn der Dienst nach Vorschrift ist wie ein Reitturnier: Das Pferd springt nicht höher, als es muss. Stärken wachsen nur durch Wertschätzung.

Wertschätzung muss in der Praxis noch nicht einmal eine große Geste sein oder viel kosten. Einige Unternehmen zahlen in guten Geschäftsjahren Boni an die Mitarbeiter aus. Das ist mit Sicherheit keine schlechte Idee, aber meines Erachtens nach die einfachste, unpersönlichste, die ein Unternehmen wählen kann, um das Thema Wertschätzung möglichst schnell abzuhandeln, und das aus zwei Gründen.

Der erste ist die Einmaligkeit. Der Grund, warum Beträge, die für ein Jahr im Voraus gezahlt werden, bei ausreichend Einnahmen den Schrecken verlieren, liegt darin, dass sie auf einmal abgebucht werden. An 350 Tagen im Jahr machen wir uns über die hohe

Autoversicherung also keinen Kopf, wir ärgern uns nur dann, wenn der Batzen vom Konto verschwindet. Dieses psychologische Mittel aus dem Marketing funktioniert auch anders herum, das heißt, ein einmaliger großer Geldeingang hat entsprechend wenig Wirkung. Über einen Bonus, der einmal im Jahr ausgeschüttet wird, freue ich mich genau einmal, nämlich dann, wenn ich das Geld ausgebe. Vielleicht ist der Bonus auch im Haushaltsplan für den nächsten Urlaub bereits fest eingeplant. Er wird zur Selbstverständlichkeit, die man sich verdient hat. 350 Tage im Jahr hat der Bonus dann keinen Effekt mehr, weder für das Unternehmen noch für den Mitarbeiter.

Der zweite Grund liegt darin, dass Wertschätzung persönlich sein sollte. Echte Wertschätzung, die tatsächliche Potenziale freisetzt und Identifikation prägt, gehört in den Alltag, nicht ans Geschäftsjahresende. In der Praxis kann Wertschätzung ein nettes Wort zwischen Tür und Angel sein, ein Gruß vom Vorstand an den Auszubildenden, wenn man gemeinsam im Fahrstuhl steht, auch das Aufhalten der Tür oder ein überraschend spendiertes Eis an heißen Bürotagen sind Wertschätzung. Das Geheimnis erfolgreicher Wertschätzung ist, dass sie von Herzen kommt. Ansonsten wird das Lob inflationär und verliert dadurch an Wert.

Wenn Sie versuchen, den Rahmen und den Kontext im Blick zu behalten, in dem andere mit Ihnen oder für Sie unterwegs sind, dann werden Sie erkennen, warum und in welcher Form Wertschätzung angebracht und notwendig ist, und sei es nur ein ernst gemeinter Schulterklopfer. Manchmal ist dieser Schulterklopfer wertvoller als jeder Bonus, den ein Mitarbeiter irgendwann im Jahr erwarten darf. Echte Wertschätzung muss nichts kosten, aber manchmal ist sie unbezahlbar.

Gedanken zum Schluss

Die Reise zum »Abenteuer Macher« naht sich ihrem Ende. Und so wie man auf dem Rückweg einer Reise seine bereichernden Eindrücke mit Freunden teilt, würde mich brennend interessieren, welche Gedanken Sie bei unseren vierzehn Macher-Stationen mitnehmen konnten. Welche Impulse haben Sie für Ihre Herausforderungen als wertvoll empfunden? An welche Gedanken werden Sie sich auch noch in ein paar Monaten erinnern? Sollten wir uns einmal persönlich begegnen, bin ich gespannt, was Sie berichten.

Als ich dieses Buch geplant habe, war es mein Wunsch, dem Geheimnis von Leidenschaft und Struktur auf den Grund zu gehen und die Eindrücke, die ich in den letzten Jahren gesammelt habe, weiterzugeben. Das Buch sollte von Ansichten und Gedanken erzählen, die auch mal »quer« liegen, nicht ganz in das übliche Bild hineinpassen und gegen den Strom schwimmen. Mein Wunsch ist es, dass Ihre Herausforderungen durch diese neuen, quer liegenden Gedanken an Stabilität gewinnen und Sie dadurch auch die Ziele erreichen, die ein Stück flussaufwärts liegen. Allerdings hatte ich nicht damit gerechnet, dass ich mich in erster Linie selbst noch einmal auf eine Reise begeben würde, auf der ich mich an der einen oder anderen Stelle hinterfragen und an vielen dazulernen würde. Ich blicke zurück auf spannende Begegnungen mit vierzehn besonderen Menschen, von denen ich vor allem eines lernen durfte: Es lohnt sich, seiner Leidenschaft zu folgen. Und zwar strukturiert. Selbst wenn es nicht immer einfach ist, beides in Balance zu bringen. Ich empfand es als bereichernd, aus erster Hand zu erfahren, wie jeder für sich mit dieser Balance hadert, gewinnt und sich immer wieder auf sie einlässt.

Ein Macher fällt nicht einfach vom Himmel. Und er erfüllt mit Sicherheit auch nicht zwingend alle Eigenschaften, die in diesem Buch betrachtet wurden. Wer sich als Macher wähnt, der hat irgendwann einmal allen Mut zusammengenommen und etwas anders gemacht. Anders als das, was andere tun, oder anders als das, was von ihm oder ihr erwartet wurde. Wenn ich Ihnen also neben all den Tipps, Erfahrungsberichten und Gedanken, die dieses Buch ausmachen, etwas wünsche, dann ist das Mut. Seien Sie mutig. Achten Sie auf Ihre Leidenschaft und schenken Sie ihr Gehör. Haben Sie den Mut, Strukturen zu finden, in denen Ihre Leidenschaft wachsen kann. Und haben Sie den Mut, das zu tun, womit das Abenteuer Macher beginnt: Trauen Sie sich was.

Dank

»Abenteuer Macher« wäre nicht zustande gekommen, hätten sich andere kleine und große Macher nicht dazu bereit erklärt, die Planung und das Risiko zu teilen und diese Reise ein Stück zu begleiten. Mit so vielen interessanten Menschen über ein Thema ins Gespräch zu kommen, das mir selbst viel bedeutet, macht mich dankbar und auch ein Stück wehmütig. Denn mit der letzten Seite des Buchs hat auch mein Abenteuer, in das ich mich über viele Monate hinweg gestürzt habe, seinen Höhepunkt erreicht. Vorerst.

Ich wünsche mir, dass dieses Buch Ihnen eine Hilfe dabei ist, den Macher in sich und anderen zu entdecken, und sei es auch nur durch wenige Sätze, die in Ihren Herausforderungen etwas in Bewegung gesetzt haben. Genauso wie es nur eine kleine Pizza Tonno mit meinem Freund Daniel Schneider war, die dieses Buch hat Gestalt annehmen lassen.

Auch wenn dieses Abenteuer aus meiner Feder entsprungen ist, habe ich es nicht allein bestritten. Daher gilt mein Dank allen, die sich mit mir auf den Weg gemacht haben. Allen voran Annette Friese, ohne die dieses Buch in dieser Form nicht entstanden wäre.

Ebenso meinen Lektoren Marcus Beyer und Christiane Kathmann, die den Feinschliff gefunden haben an Stellen, an denen meine Augen nichts mehr erkannt haben. Und natürlich darf auch das Team des SCM-Verlags nicht unerwähnt bleiben, das sich in Planungen von mir hat fordern lassen und diese Reise mit Erfahrungen und Know-how bereichert hat.

Ein besonderer Dank gilt neben meinen Eltern meiner Frau Shari, die all die träumerischen und optimistischen Gedanken, die dieses Buch ausmachen, jeden Tag mitträgt und teilweise auch erträgt. Ohne meine Frau, die mir für dieses Buch Zeit und gute Gedanken geschenkt hat, würde ich wahrscheinlich noch immer an der Einleitung arbeiten und mit Sicherheit wäre mir ohne ihre Ermutigungen so manches Abenteuer zu gefährlich.

Anmerkungen

[1] Spektrum (Hg.): Lexikon der Psychologie. Eintrag »Leidenschaft«. https://www.spektrum.de/lexikon/psychologie/leidenschaft/8691 (Abruf am 05.06.2018).

[2] 3sat (Hg.): 37 Grad - Albtraum Traumjob - Durchhalten oder neu anfangen? (Doku). https://www.youtube.com/watch?v=UAS0ObE8jgc (Abruf am 18.07.2018).

[3] Vgl. The Nacelle Company (Hg.): Spielzeug – das war unsere Kindheit. Folge 5: LEGO. Netflix 2018.

[4] Vgl. The Nacelle Company (Hg.): Spielzeug – das war unsere Kindheit. Folge 3: He-Man. Netflix 2018.

[5] Fanny Jiménez: Alles kommt zu dem, der warten kann. Welt 03.03.2014. https://www.welt.de/gesundheit/psychologie/article125368166/Alles-kommt-zu-dem-von-selbst-der-warten-kann.html (Abruf am 29.06.2018).

[6] Wikipedia (Hg.): Eintrag »Geduld«. https://de.wikipedia.org/wiki/Geduld (Abruf am 25.06.2018); Wikipedia (Hg.): Eintrag »Ausdauer«. https://de.wikipedia.org/wiki/Ausdauer (Abruf am 25.06.2018).

[7] Wikipedia (Hg.): Eintrag »J. K. Rowling«. https://en.wikipedia.org/wiki/J._K._Rowling (Abruf am 19.07.2018).

[8] Bryan Wawzenek: 45 years ago – Billy Joel releases his first album, ‚Cold Spring Harbor'. Ultimate Classic Rock 2016. http://ultimateclassicrock.com/billy-joel-cold-spring-harbor/ (Abruf am 19.07.2018).

[9] Simon Sinek: Start with Why – How Great Leaders Inspire Everyone to Take Action. Reprint 2011; auf Deutsch: Frag immer erst: Warum – Wie Top-Firmen und Führungskräfte zum Erfolg inspirieren. Redline Verlag 2014.

[10] BZ-Berlin (Hg.): Isabell Horn steigt bei GZSZ aus. 11.11.2013. https://www.bz-berlin.de/artikel-archiv/isabell-horn-steigt-bei-gzsz-aus (Abruf am 29.06.2018).

[11] Kai Butterweck: Unheilig gehen auf Abschiedstour – Der Graf bittet zum letzten Tanz. n-tv 23.10.2015. https://www.n-tv.de/leute/musik/Der-Graf-bittet-zum-letzten-Tanz-article16175771.html (Abruf am 29.06.2018).

[12] YouTube.de (Hg.): Jürgen Klopp rüffelt ZDF-Reporter. https://www.youtube.com/watch?v=lbOd3AC4Zzg (Abruf am 28.06.2018).

[13] Anna Gauto, Christian Rickens: Karriereende – Richtig aussteigen. S. 3. Handelsblatt 26.02.2017. https://app.handelsblatt.com/unternehmen/leaderin/karriereende-abgang-im-richtigen-moment/19432196-3.html?ticket=ST-1467503-pT1aWd6IPSzk3CGvF57D-ap2 (Abruf am 29.06.2018).

[14] Büro für Berufsstrategie (Hg.): Burn-out-Risikogruppen – Wer in die Falle tritt. https://www.berufsstrategie.de/bewerbung-karriere-soft-skills/burnout-risikogruppen.php (Abruf am 26.06.2018).

[15] Arne Völkel: Ich glaub', ich denk' mich krank! Wenn negative Gefühle und Gedanken die Gesundheit ausbrennen. TWENTYSIX 2016.

[16] Angela Gatterbrug und Annette Großbongardt: Diagnose Burn-out. Deutsche Verlags-Anstalt 2012.

[17] Wikipedia (Hg.): Eintrag »Georges de Mestral«. https://de.wikipedia.org/wiki/Georges_de_Mestral (Abruf am 03.07.2018).

[18] Johannes Hirschler: Nobelpreisträger – Entdeckung der Röntgen-Strahlen. Planet Wissen 26.01.2016. https://www.planet-wissen.de/geschichte/persoenlichkeiten/nobelpreistraeger/pwiedokumentbertharoentgenshand100.html (Abruf am 18.07.2018).

[19] Wunderweib (Hg.): Große Frauen – Die erfolgreichsten Erfinderinnen. 03.03.2010. https://www.wunderweib.de/grosse-frauen-die-erfolgreichsten-erfinderinnen-27483.html?image=6 (Abruf am 18.07.2018).

[20] Vgl. Wikipedia (Hg.): Eintrag »Thinking out of the box«. https://en.wikipedia.org/wiki/Thinking_outside_the_box (Abruf am 29.06.2018).

[21] Armin Himmelrath: Interview mit Udo-Ernst Haner: Büro von morgen – weshalb der eigene Schreibtisch an Bedeutung verliert. Spiegel online 11.10.2016. http://www.spiegel.de/karriere/arbeitsforscher-udo-ernst-haner-zu-den-neuen-microsoft-bueros-a-1115915.html (Abruf am 26.06.2018).

[22] Handelsblatt (Hg.): Kreative Räume – An welchen Orten die besten Ideen entstehen. 05.08.2010. https://www.handelsblatt.com/unternehmen/management/kreative-raeume-an-welchen-orten-die-besten-ideen-entste-

hen/3508424.html?ticket=ST-465020-buiCLGOs01cDW6miW0ev-ap3 (Abruf am 26.06.2018).

[23] Margot Weber: Arbeiten wie Erich Kästner – Münchner Cafés mit WLAN-Zugang. Muenchen.de 18.03.2015. http://blog.muenchen.de/arbeiten-im-cafe/ (Abruf am 26.06.2018).

[24] Vgl. Kommentar zu 1. Mose 6,3 in der Elberfelder Bibel mit Erklärungen, SCM 2016.

[25] Galileo (Hg.): Earth & Nature – Dieser Baum trägt 40 verschiedene Früchte. 2015. https://www.galileo.tv/earth-nature/dieser-baum-traegt-40-verschiedene-fruechte/ (Abruf am 18.07.2018).

[26] Creativityatwork.com (Hg.): Can creativity be taught? Results from Research Studies. https://www.creativityatwork.com/2012/03/23/can-creativity-be-taught/ (Abgerufen am 28.06.2018).

[27] Wikipedia (Hg.): Eintrag: »Steve Jobs«. https://de.wikipedia.org/wiki/Steve_Jobs (Abruf am 29.06.2018).

[28] Ruth Umoh: Billionair Richard Branson reveals why he always says yes. CNBC 18.12.2017. https://www.cnbc.com/2017/12/18/billionaire-richard-branson-reveals-why-he-always-says-yes.html (Abruf am 29.06.2018); Deutsch durch den Autor.

[29] Duden online (Hg.): Eintrag »scheitern«. https://www.duden.de/rechtschreibung/scheitern (Abruf am 28.06.2018); Wikipedia (Hg.): Eintrag »Scheitern«. https://de.wikipedia.org/wiki/Scheitern (Abruf am 28.06.2018).

[30] Matthäus 7,24-27.

[31] Wikipedia (Hg.): Eintrag »Rotary International«. https://de.wikipedia.org/wiki/Rotary_International (Abruf am 28.06.2018); Matthias Schütt: Der älteste Service-Club der Welt. Rotary in Deutschland (Homepage) 06.10.2014. https://rotary.de/was-ist-rotary/geschichte/der-aelteste-serviceclub-der-welt-a-5444.html (Abruf am 28.06.2018).

Mehr Input?

Daniel Schneider, Klaus Jost

Jost läuft.

Aufstieg, Fall und weiter geht's - auch Topmanager werden getragen

Klaus Jost gelingt eine Bilderbuchkarriere bis zum Präsidenten von Intersport International. Doch dann: eine plötzliche Kündigung. Statt schmutziger Wäsche zu waschen, bleibt er integer, wünscht seinem ehemaligen Arbeitgeber alles Gute. Privat kümmert er sich um seine schwer kranke Frau. Die Kraft zu dem allem gibt ihm sein Glaube, den er nie im stillen Kämmerlein gelassen hat. Eine beispielhafte und gleichzeitig beispiellose Geschichte von familiären und beruflichen Tragödien wie Triumphen!

Gebunden, 13,5 x 21,5 cm, 184 Seiten
Nr. 395.799, ISBN 978-3-7751-5799-5